Mathgic
小鱼数学

·儿童数学思维养成·

XIAOYUMOFAGUSHI

小鱼
魔法故事

于晓斐
著

中国海洋大学出版社
CHINA OCEAN UNIVERSITY PRESS

推荐序

　　我女儿念小学的时候，一位同学的妈妈向我推荐了一个附近的奥数班课程——小鱼数学，她说和传统的奥数班不同，小鱼数学灵活有趣，在轻松愉快的气氛中学数学。于是我们去试听了一次，女儿觉得不错，所以，就在那里上课了。

　　果然，小鱼数学在很多方面和传统奥数不同，它不提倡题海战术，不提倡难度拔高，重在数学思维和兴趣的培养，所以没有那么多传统奥数带来的学习压力。让我惊讶的是，连教材都是小鱼老师自创的，看起来就招孩子们喜欢。听女儿说，课堂更是有趣，她挺喜欢的。

　　后来女儿完成了《小鱼跃龙门》几个级别的学习，感觉对数学思维和兴趣培养都有帮助。我觉得，这些比那些解题的套路更重要。

　　由此，我认识了小鱼数学的创始人——小鱼老师，那时她刚刚开始创业。后来和她深聊了几次，也有一些合作，所以了解较多。她在数学方面很有悟性，初二以后直到大学毕业数学基本满分通过。后来又在中国传媒大学的影视编导专业读研究生，期间一直在教奥数。她是一个很有思路和创新精神的人，这样的经历，也让她独创出了与众不同的小鱼数学。

小鱼数学在引入新知识的时候常常先讲一个故事，这个故事很有趣，而且有悬念，吸引着孩子去听课，自然地过渡到知识讲解，生动地把数学知识有机融入其中，让孩子在不知不觉中得到提高。

小鱼数学所有的课程都建立在一个丰满的故事背景中，有一系列可爱的人物形象，而这本书便是整个故事的缩影，也是小鱼数学理念的精髓所在。

这本书把一些数学常用的思维方法巧妙地融入有趣的魔法故事之中，如整体思维、分类思维，都是通过小鱼、泡泡、小海、萌萌等在海底魔幻世界的历险中引出的，读起来兴致盎然。看似干巴巴的数学就这样有了生命力。能把数学故事写得这么有趣还是很少见的，有种数学版"哈利波特"的感觉。听小鱼老师说，她将来打算把这些故事做成系列动画片，甚至主题乐园，希望她的梦想早日成真。

我想这本书会帮助孩子爱上数学，学会用数学的思维看世界，所以希望更多的读者了解这本书，了解小鱼数学这个原创数学品牌。

维尼老师

家庭教育畅销书《顺应心理，孩子更合作》著者

自序

我想和这个行业谈谈

"孩子每个周六早上的心情都不好，我也真不忍心送她去，可是大家都去有什么办法呢？"电话那头，是一位心焦的妈妈正在抱怨孩子被逼学奥数的痛苦。

搁下电话，我想起了辞职创业做教育的初衷。

2013 年毕业时根本没想过"辞职创业"会跟我联系起来，工作之余想赚点外快就接了两个家教。接着发现市面上居然找不到像样的数学教材，于是只能自己动手写教材、编故事。有天接到一个电话，是当时本地最大的一家奥数学校打来的。

"您好，我这里有您登记过做兼职老师的信息。"她说。

我努力回忆了一下，哦，大概半年前一次偶然经过时随手登记的。

"我们现在有个小班，您能来带班吗？"她说。

"呃，你们有自己的教材吗？"我比较看重这一点。

"嗯……有吧，不过您也可以自己准备。"她理所当然地说道。

心头有一股无名火就是从那时开始燃起——你知道我是谁吗？我有教学经验吗？我用的是什么教材呢？我的教学质量谁来保证呢？天啊！就这样让我去带班了！

教育这个行业的门槛有这么低吗？

可就是这样一个行业状况，依然有那么多文章开头所提的"心焦的妈妈"和"痛苦的孩子"。

就这样，我一步步被这股无名火"逼"到辞职，创办了小鱼数学，我设了一条硬标准——全硕士教师团队＋自品牌原创教材，我要让孩子们快乐地学习。

这是一个焦虑时代。

焦虑的父母们热切地希望孩子更快地成才，教育者们就开出了一条条流水线，批量地从公式化、填鸭式的课堂里生产出来。但思维的培养、兴趣的养成是一个持续的过程，需要孩子内在动力的驱使，需要好奇心和探索欲。

孩子在 12 岁以后学习的任何一个数学观念，都不会是通过某一节数学课"一次成型"的。他总是可以追溯到 12 岁以前，甚至幼儿时期接触过的数学游戏。也就是说，你需要先给孩子埋下一颗种子，比如有顺序有规律的思考问题，比如能正着想也能反着想，能整体看也能局部看，比如懂得这世上并没有绝对真理……

所以我常对小学的家长说，小学阶段，没有什么比兴趣更重要。

如果我们疯狂压制、拔苗助长，都把孩子逼到了家长的对立面，怎么去体会美妙的数学，如何去感受思考的快乐？

以前不想说自己是奥数，是因为很多人对奥数有偏见，觉得奥数就是题海战术、拔高压力，这是传统奥数的授课形式出了问题。而奥数知识本身并没有错，他在用更多维度去解释数学。我常常对家长们说，奥数才是数学，学校里的基本就是算数而已。

小鱼数学创办之初就立足于改良传统奥数，让更多孩子爱上数学，从三个方面：甜度、角度和高度去激发孩子的学习兴趣。

所有课程均建立在完整的童话故事背景中，课堂有趣生动，让孩子像爱吃糖般爱上数学，此为"甜度"；注重引导孩子探索未知，重视思考过程而非结果，此为"角度"；在数学学习中发现生活道理，将数学思维应用于生活中，更全面深入看待问题，此为"高度"。

我是从传统奥数机构走出来的，很了解奥数的原理。传统奥数并不适合所有的孩子，只适合学力前5%的孩子，否则怎么会有奥林匹克比赛呢！事实上，连改良后的小鱼数学也不能满足所有的孩子，负责任地说，大概只有学力前40%的孩子能学懂我们的课程。所以我们一直在改良，希望能用更浅显易懂有亲近感的方式让孩子理解数学，真正从思维能力上获得提高，而不是背下多少公式算对多少题。

接着你可能就要问，那学习小鱼数学到底能不能提高分数呢？

如果你只把提高分数当做目标，那你最多就只能到提高分数这里；如果你把提高能力当做目标，那能力提高了，分数提高只是一个水到渠成的事。

一个人的思维能力提高、学习能力提高，就不应只是数学成绩提高，应该所有的成绩都提高，应该会有一个乐观积极的精神面貌，应该热爱生活，有充沛的想象力和求知欲，应该成为一个眼睛会放光的孩子。

　　很多人劝我，做教育也不能这么讲究情怀，毕竟家长要的就是考试成绩。

　　如果一个家长要的就是考试成绩，那可能他自己本身需要被再教育一下。

　　你的短视和功利会影响孩子对事物的看法。如果他也认为数学只是考试工具，那他就不会真的把所学应用出来，因为在她内心深处，这些只与考试相关，与我无关。

　　"与我无关"，这是多么冷漠的字眼，看着就觉得心寒。

　　所以我写了一本书，用的就是我们小鱼的故事，讲的就是数学思维，而不是什么题型、定义和概念。希望孩子们读了这本书，可以喜欢上里面的人物形象，代入其中从而能够从数学的角度思考问题，理解世间万物皆有规律和秩序，知道思考问题可以正着想也可以倒着想，懂得要拥有大局观能整体看也能关注细节分组考虑，明白什么时候该讲究逻辑什么时候该发散思维，这都是数学思想。

　　真正掌握和理解数学思想，对数学学习、理科学习都大有帮助，学习上、生活上都会成为一个更条理、更智慧的人。

于晓斐

肺鱼思维·小鱼数学创始人

目 录

序 篇

小鱼迷迷糊糊醒过来，头很沉很沉，挣扎着睁开眼睛一看，咦？这是哪里？

只见自己正躺在一个卧室一样大的贝壳里，周围一切都是那么陌生，小鱼爬起来，狠狠揉了揉眼睛。

"我在做梦吗？"小鱼踉跄着爬起身来，**"我怎么会在这里的？"**

"你醒了？"突然一个干脆利落的声音从背后传来，小鱼吓了一跳，回头一看，原来还有一只小海星也在这大贝壳里呢！这小海星眼睛亮晶晶的，浑身上下透着股机灵劲儿，或者说，呃，有些痞气。

"我是小鱼，你是谁？"一向对人毫无防备之心的小鱼

开门见山地问道，"这是在哪里？"

"我也不知道，我就比你早醒来一点吧。"小海星摇摇头，一脸嫌弃的样子，"还以为你会知道些什么呢！白等你这么半天……"

"这……"小鱼一时不知该如何应对。

"算了，**看来我还是得自己去探索一下**。"小海星说着就大摇大摆地挪出了大贝壳。

"哎……"小鱼想喊住他，没成功，"好吧，那我也自己找找去吧。"

那小海星头也没回地走了，还有些晕晕乎乎的小鱼也摸索着跳出大贝壳。

第一篇

迷途小鱼误入泡泡王国
意料之外偶得最佳拍档

有序思考

"序"的第一层含义是"顺序"，
第二层含义是"秩序"，正是因为有了
"序"，才有了真正的文明世界。

你有没有仔细观察过那种行为、做事颇具条理的人？

——出门总是先定路线，做事总是先有计划，不会浪费时间，质量与效率同在。

连说话都没有废话。

但你有没有发现——有的人连话都说不清楚？

为什么有的孩子那么马虎、那么丢三落四？

为什么有的孩子房间、桌面都乱七八糟？

为什么有的孩子考试的时候会落题？

精灵小屋的款待

也不知是朝什么方向，反正小鱼感觉已经走了很久很久，又累又饿又渴，天色也渐渐暗了下来。突然看到前面不远处似有灯光，定睛一看竟是一座小房子，赶紧奔了过去。

小鱼小心翼翼地走上台阶，轻轻敲了敲门。

"你是？"打开门的竟是一个圆鼓鼓的小玩意儿，说他是"小玩意儿"还真是没有夸张的成分呢！只见他浑身上下都是透明的蓝色，像是一个大水泡，大概只有脸吧？眼睛大大的，小手小胳膊像是从大水泡里长出来的。

"我是小鱼，我迷路了，不知道能不能借住一宿？"

小鱼试探着问道。

"大水泡"眼睛一眯，咧开嘴笑了："奇怪，竟然又来了一位客人！好啊好啊，欢迎欢迎！"说完，他身子一侧，让开了一条路示意小鱼进来。

哟呵，可不是呢！那只小海星也正在这里呢！

"我叫泡泡，是这里的小精灵，这是小海，跟你一样也是迷路到这里借宿呢！"这只自称"泡泡"的小精灵热情地介绍着，"这是小鱼。好啦，难得有这么多客人，我要好好招待你们一下！我去给你们泡水藻茶喝！"

"水藻茶？"小鱼和小海异口同声地喊出来。

"是啊！绿藻茶、褐藻茶、红藻茶，你们想喝哪种？"泡泡指着橱子上几个罐罐说道。

"它们的区别是……颜色吗？"初来乍到的小鱼确实没喝过这么稀罕的饮料。

"嗯……可以这么说。"泡泡也顾不得解释，又忙活开了，"我想想啊！我得先想想我要怎么做才最合理。泡水藻茶要用开水，得先洗烧水壶，差不多要 1 分钟；烧开水得 8 分钟；茶壶茶杯也得洗，又要 1 分钟；水藻茶被我放在地下室，拿过来得 2 分钟；最后我要用我的超炫无敌茶道工具来泡茶，也得 1 分钟。这样算下来，你们可能 13 分钟

以后才能喝上美味的水藻茶呢！"

"不用这么浪费时间吧？"机灵的小海眼睛滴溜溜一转，"你烧开水的时候也不用一步不离地去盯着它呀！所以这8分钟你可以用来做别的事情，剩下的事情一共才5分钟，所以你一共8分钟就能做完所有的事情了。这样我们就能更快一点儿喝到茶了！"

"说的也是呢！"泡泡眨眨眼，微微皱起了眉头，"不过……感觉哪里不太对呢。"

"呃……是不是必须得先洗了烧水壶才能烧开水啊？"一旁的小鱼也听出了问题，"还有……没有开水怎么泡茶呢？"

"啊……哈哈哈！"三个人都反应过来，笑作一团。

"就是啊！"好不容易止住笑的泡泡分析道："有些事

情就必须按照顺序排着做，不能乱来，不过有些事情也真是可以同时做呢！我必须要先洗烧水壶，再烧开水，最后泡茶，至于洗茶壶茶杯和拿水藻茶这两件事情就可以在烧开水的时候做了。"

"这样算下来最少也得……10分钟！"小鱼算得可快呢。

"好啦，我去干活了！你们在这里吃些茶点吧！"泡泡往一旁放满饼干蛋糕的小橱子上指了指，一溜烟地漂走了。

经过一场泡茶误算时间的笑话，小海和小鱼也成了朋友。

扫一扫 听微课

金三角大王的求救

"嘿嘿嘿！你们快醒醒！"一大清早，就听到泡泡在外面吆喝大家起床，小鱼迷迷糊糊地翻了个身，打算继续睡。

"嘿嘿嘿！快起床啦！太阳照着屁股啦！"呵！没想到这小精灵竟然自己推门进来了，小鱼赶紧爬下床来。

"吵死了！让不让人睡觉了！"小海睡眼惺忪地从卧室的门缝探出头来。

"我刚才早起去采水藻，路过树林的一个树洞时听到里面有人在说话。"泡泡怕被别人听到似的，声音压得好低。

"树洞里有人说话？"听到这么神奇的事情，富有好奇

心的小鱼一下子就清醒了，"在哪里？我去看看。"

"**我带你去！**"泡泡见有人响应很高兴，一把抓住小鱼就往外走。

小海撇撇嘴巴，叹了口气，也没了睡意，拉开门快走几步跟了上去。

这个传说中的树洞就在离小屋不远的丛林里，不一会儿他们就到了。

"就在这儿。"谨慎的泡泡遥遥一指，不再上前。

"在这儿怎么听得见呢？"大胆的小鱼却毫无怯意，蹑手蹑脚地靠过去。

"有人说话吗？我怎么没听到？"小海跟在小鱼后面。

"嘘……！"小鱼连忙示意小海安静，用嘴形比画道："我听到有人说话啦！"

"有人在外面吗？"确实好像有声音从树洞里传出来哎！这声音听起来有些苍老，但并不拘谨。

"有！你好！请问你是谁？"小鱼非常惊喜，赶紧回应道。

小海也眼睛一亮，觉得有意思了，往树洞这边蹭了蹭。

"**我是异度空间的金三角大王，要回到异度空间时被卡在了这树洞间，现在回不去了，你可要帮我啊！**"那边

的声音急迫地说道。

"可是我要怎么帮你呢？"小鱼又往前凑了凑，希望听得更真切些。

"你看到旁边有七颗一模一样的珍珠了吗？"金三角大王的声音好像大了一些，小鱼低头一看——还真是呢！树洞旁边竟躺着七颗一模一样的巨大的珍珠，晶莹剔透。

"**一模一样的珍珠？** 不应该啊，不是说找不到一模一样的珍珠吗？"泡泡也放松了些警惕来到树洞前。

"这不是真正的珍珠，是能量球，这树洞下面有三个小树洞围成了三角形，看到了吗？"金三角大王着急地解释道。

果然，这树洞下面有三个围成一圈的小树洞，大概也就刚好能放进这能量球的大小。

"**这七颗能量球要放进三个树洞**，可以用重量控制启动树洞的连接机关，我就可以被弹离这里了。"金三角大王继续解释道，"不过这七颗能量球到底怎么分配我忘记了。哦，对了，**三个树洞本身应该是没什么差别的**，你们只要分配清楚就行。"

"也就是说**把 7 分成 3 份就行**。"泡泡小声分析道，"没法平均分啊。"

　　"也没说要平均分呀！可以一个洞里放 1 个，一个洞里放 2 个，最后一个洞放 4 个。"小鱼二话没说，一把抓起能量球，按照他说的数字依次放了进去。

　　"没反应？再试试 2、2、3 的组合。"小海也好奇地过来帮忙。

　　"还是不行，再试试 4、2、1。"泡泡也帮着出主意。

　　"哎？不对，"聪明的小鱼突然意识到，"刚才我已经放过 4、2、1 这种组合了，不过不是这样的顺序。金三角大王刚才好像说三个树洞是没区别的。"

　　"哎，我说你们这样可不行，这能量球也挺重的，搬来搬去好累啊，能不能有个准信儿我们再行动？再说**这样凑也太容易重复了吧！**"小海两手一摊一屁股坐在地上。

　　小鱼和泡泡陷入思考，心想怎样才能**找到所有 7 的分拆方法，不重复也不遗漏**呢。

　　"这样吧！我们先不着急往里摆球，先把所有 7 分成 3 份的方法列举一下吧！"谨慎的泡泡决定先想清楚了再行动，抓起根树杈就开始在地上画起来。

　　"比如这是三个树洞吧，我在下面写对应放的能量球数。"泡泡一会儿就画了一个大表格，"1、2、4；2、2、3。这是我们刚才说的，还有么？"

"还有5、1、1！"小鱼拼命想。

"还有1、1、5！"小海也着急地说。

"这是一样的吧？不行，**怎么才能不重复呢？**"泡泡紧皱着眉头。

"有了！我们按照顺序吧！从小到大地写，这样就不会重复了。"心急的小鱼一把从泡泡手里夺过小树杈，开始写道：

1、1、5

1、2、4

1、3、3

2、2、3

"没了，**应该就这四种，因为如果我从小到大列举，后面的数如果比前面小了，那肯定前面已经写过了**，所以1、3、3后面肯定没有1开头的了；2、2、3也是，这是最'平均'的一种分法了。"

"有道理，原来只有四种啊！还以为有多少种分法呢！"小海长叹一口气，如释重负。

"太好了，那我们就挨个试一下好了！"**泡泡安排小鱼和小海各自守着一个树洞，开始依次尝试。**

"咔嚓！"果然，试到"1、3、3"的组合时，就听见

有触动机关的声音，接着三个树洞里的能量球也像是掉进了树洞，消失了。

"金三角大王？"小鱼赶紧朝树洞里呼喊，却半天也没有回应。

"看来金三角大王已经成功回去了！"泡泡退了几步。

"金三角大王？！"小鱼却不甘心，又往树洞里探了探

身子，"您还在吗？您回去了吗？啊啊啊……"

没料想，小鱼在往树洞里探身子的瞬间，就像被一只看不见的大手抓住了一样，猛地掉向了树洞，泡泡反应快一把抓住了小鱼，但无奈势单力薄，根本无法阻止这巨大的吸引力，一起被拖了进去。小海本能地往后退了两步，但也没能逃掉……一眨眼工夫，**三个人就像能量球一样消失得不见踪影。**

扫一扫 听微课

异度空间的弹力魔法

我的天啊，旋涡中的浪怎么那么凶？！

小鱼、泡泡和小海就这样随着旋涡旋转啊旋转，一阵晕眩后终于慢慢停了下来，最后三个人筋疲力尽地跌落到了海底更深处。

"这是什么地方？" 小鱼挣扎着坐起身来，四周是一片奇异的景象：海底本来应是一片漆黑，这里却有很多亮晶晶的发光点，就像黑夜中的满天星，看久了会让人睁不开眼睛。

泡泡也勉强支撑起身体，挪到小海跟前碰了碰他的脚

板，小海也醒了过来。

"金三角大王呢？这不会就是异度空间吧？"小鱼猜测道。

泡泡小心地漂向远处探路，发现举步维艰，每前进一段都需要耗费很大的气力。

"谁在叫我？"金三角大王的声音又出现了，随着声音一同出现的还有**一块巨大的金色石头，是的，是石头**。

"金三角大王竟然是块石头？"小海被吓住了。

"咦？怎么是你们？"金三角大王听出了小海的声音，"你们怎么进来了？"

"我们也不知道怎么就被吸了进来。"小海有些生气地大声说道，"你不能恩将仇报啊！快告诉我们要怎么才能离开这里呢？"

"掉到这么深的海底，而且头顶是旋涡，恐怕很难离开吧。"泡泡摇了摇头，"金三角大王，你有什么好主意？"

"恩……你们帮过我，我一定也会帮助你们的。"大王想了想，接着往后退了一点，"你们往后退退。"

小海赶紧往后退了一步，见泡泡和小鱼还愣着，连忙拉了他们一把。

这时，竟又起了一阵旋涡，像是从金三角大王嘴里吹

出来的，瞬间飞沙走石，好不容易等旋涡平静下来，中间的空地上凭空出现了三块小石头。

"这是什么意思？"小海对旋涡已经产生了心理阴影，不敢靠前。

"你们三个站上去，我将这三块石头施以魔法，可以助你们飞上去冲破旋涡。"金三角大王催促道，"快上去吧。"

"什么魔法这么神奇？"泡泡有些拿不定主意，从小看了很多魔法书籍的他从来没听说过这种魔法。

"你们不是要上去吗？当然要有弹力啦！**让这石头给你们一个弹力，就可以把你们弹上去了。"**

"听起来好棒！"小鱼说着就跳上了其中一块，又催促着小海和泡泡上去，虽然泡泡满心怀疑，但确实也没有别的办法，就顺从了。

"选好了吗？我要施展魔法了。"金三角大王又吹了一阵旋涡，小鱼他们顶不住这飞沙走石，踉跄着从各自石头上走了下来。

过了一会儿，终于又静下来，只听金三角大王大声道："好了，你们可以离开了，跳上你们的石头吧。"

"啊？"泡泡面露难色，"可是这三块石头哪块是我的

啊？都长一样，弄混了啊。"

原来这金三角大王并没有给石头做标记，这下可好，经过一场魔法旋涡，三块石头混在一起分不清了。

"那……我们挨个试一下吧，无非就是让大王多念几次咒语嘛！"小海一向是不怕麻烦别人的。

"那也不能随便试，就像我们刚才摆魔法石那样，得有个顺序，这样才能不重复不遗漏。"泡泡建议道，不想再浪费时间。

"行，那我们就把这三块石头放在地上，依次排着站上去好了。"小鱼规定好石头的位置，开始安排三个人。

第一次，他们是按照从左到右"小鱼、泡泡、小海"的顺序站的，大王念了咒语，什么变化都没有。

"不对，这样不对，我们快换一下吧。"心急的小海一跺脚跳了下来。

"你先别动，我想想……"泡泡喊住小海，指挥着，"先试一下我在中间的情况，你俩换一次位置，对的，小海你和小鱼换一下。"

小鱼和小海对调了一下位置，大王又念了一次咒语，还是没反应。

"这样也不对，那我在中间的所有情况都试过了。"泡

泡望向小鱼。

"那我到中间来，"小鱼跳下石头，跟泡泡交换了位置，"你俩分别在我两边，不行就再换过来试试。"

小海和泡泡也跟着对调了一次位置，两次咒语都没有灵验。

"那就说明肯定要我在中间了。"小海一把扒拉下中间的小鱼，"刚才就说要我在中间嘛！"

小鱼站上小海的位置，咒语还是不行。

"最后一次机会了，"泡泡说着，又跟小鱼换了位置，"这次若是不行就说明这石头没用了。"

"放心，这次一定可以的。"金三角大王倒是信心十足，说完便念起了咒语。

果然，随着咒语响起，三块石头竟变成了五彩的颜色，渐渐地仿佛又下陷了一些，像是在集聚更多能量，而后倏地腾空，小鱼他们三个被飞快地弹了上去。

速度这么快，都快感受不到旋涡的存在了。

待小鱼反应过来，他已经又坐在树洞前了。

"小鱼你没事吧？"泡泡也毫发无损，关切地来查看小鱼的情况。

"我没事，"小鱼拍拍身上的土，腾地站起身来，"小

海也没事吧？"

"嗨，跟你们在一起也太晦气，这都是些什么事儿啊！"
小海却一脸不耐烦的样子，**"我们就此别过吧，我去找回
家的路了。"**

小海说完转身就走，毫不顾忌小鱼和泡泡的感受。

"哎？小海……"小鱼还想再挽留。

"算了，让他自己去吧，**我们回家吧。**"泡泡倒是觉得这个小海不太有礼貌。

"**回家？**"小鱼不解。

"是啊，**其实这是在我们泡泡王国的地界上，我是这个王国的小王子。**那个小房子是我小时候住过的，无聊的时候我就会在这边小住一段，算起来也该回家了。"泡泡耐心地解释道。

"**那我……**"小鱼也想回家呢，只是不知道家在哪里。

"**反正你也是迷路了，就先跟我回家吧，搞清楚方位了再上路也不迟呀。**"泡泡像是看穿了小鱼的心思。

小鱼想了想，觉得泡泡说的也有道理，便跟着泡泡回王国去了。

扫一扫 听微课

第二篇

热心精灵护送王子回家
一路忐忑遭遇真假萌萌

规律思考

这个世界为什么值得研究？为什么
这么美？就是因为有规律。发现规律、
探索规律就是科学精神。

你有没有见过那种凡事都爱总结个一二三的人？

——喜欢以小见大，喜欢透过现象看本质，喜欢观察，喜欢思考。

打个蚊子都能分析出路线来。

为什么有的孩子没有举一反三的能力？

为什么有的孩子只能接受别人告诉他的结论？

为什么有的孩子能够主动思考问题？

老糊涂的水晶球

　　小鱼跟随泡泡来到泡泡王国，暂时安顿了下来，他惊讶地发现这个王国里住满了像泡泡一样的小精灵。两人在美丽的王国玩得不亦乐乎，很快就成了好朋友，**但一天天过去了，小鱼却渐渐不安起来。**

　　"小鱼，你这几天怎么没有精神呢？"细心的泡泡察觉出小鱼的异样。

　　"唉……我在这里住了有一段时间了吧？"小鱼耷拉着脑袋，眼角微微一抬，**"我想回家了，不能总在这里住着啊。"**

"好啊，其实我父王也跟我提过，说让我陪你去找回家的路呢。那我们就一起出发吧！"泡泡一听要出门就兴奋起来。

"可是我们往哪里走呢？我完全不知道该如何找回去的路。"小鱼想到这儿又低下了头。

泡泡琢磨了一会儿，突然想起来："我听说父王有一颗无所不知的水晶球，我们可以去问问他。"

……

"水晶球？"泡泡国王听了泡泡的提问摇摇头，"跟我一样，都老糊涂咯！什么都不记得了。"

"总要一试吧，不试怎么知道呢？"小鱼总是一副乐观的态度。

泡泡国王拗不过两个孩子，只好请人将传说中的水晶球抬上来，哟呵，水晶球还眯着眼睛睡觉呢。

"尊敬的水晶球大人？"泡泡小心翼翼地喊道。

"喔——是谁在扰我清梦？"水晶球大人缓缓睁开眼睛，接着突然像触电一样惊恐万分地睁大了眼睛，"哎？啊！放过我吧，放过我吧！"

"您……您怎么了？"这异常的举动把小鱼和泡泡吓坏了，紧退了两步。

"哦哦哦……"水晶球大人揉揉眼睛，仿佛才看清这个世界，"我认错了，真是太像了，真是太像了……"

"您在说谁呢？"小鱼和泡泡互相望了一眼，感到莫名其妙。

"没什么，你们要做什么？"水晶球大人恢复了淡定。

"我们想找到水晶宫。"泡泡上前解释道，"这是小鱼的家。"

"你……果真住在水晶宫？"水晶球大人的眼睛又露出几丝惶恐。

"是啊……但是我醒过来就发现自己在一个完全陌生的大贝壳里，现在也不知道家在何处了……什么都不记得了。"小鱼沮丧地低下了头。

水晶球大人迟疑了一下，抬起头来："我原本知道水晶宫在哪里，可是……你们也知道，我老糊涂了，很多事情记不真切了，**海底每条路都有编号，至于路线嘛，是有规律的，只隐约记得 1、2，下一个数字是多少就不记得了。**"

"下一个当然是 3 了！"小鱼激动地脱口而出。

"未必吧……"谨慎的泡泡皱起了眉头，"1、2 的下一个数字，也可以是 4 啊，1、2、4、8、16……每次都是双倍的。"

"哦！我明白了！那后面也可能是 5，1、2、5、10、17……相邻两个数的差刚好是单数数列 1、3、5、7……"小鱼恍然大悟。

"那也可能是 6，1、2、6、24、120……"泡泡接着说。

"这是……2 倍、3 倍、4 倍、5 倍的关系！有意思！"小鱼找到了其中的乐趣，**"其实后面填几都可以！"**

"你兴奋什么呀？"泡泡忍不住给小鱼泼冷水，"什么都可以填……那我们按照什么路线走呀？"

"呃，这倒也是。"小鱼也意识到这个问题。

"对！7！"正一筹莫展呢，水晶球大人突然喊了一嗓子，"下一个数是 7！"

"7？7 是什么规律啊？" 小鱼挠了挠头。

"1、2、7……感觉可能性蛮多的，尊敬的水晶球大人，您能再多想起一个数吗？"泡泡撅着嘴巴看着水晶球大人。

"我再努努力啊。哎，都给你们三个数了，还找不到规律吗？"水晶球大人有点儿不耐烦了。

"规律需要从重复出现的现象中寻找。只出现过一两次，能叫规律吗？ 您看 1、2 后面就跟什么都行，现在 1、2、7 也是一样。"泡泡耐心地解释道。

"好吧好吧……我再想想。"水晶球大人陷入沉思，不

一会儿眼睛又亮了，"32！"

"这么大的数？"泡泡一惊。

"还真是，我明白了，还是要看相邻两个数差几。相差的刚好是 1、5、25，下一个就该差 25×5 了，是 125。所以再下一个数是 125！"小鱼激动得跳了起来。

"别激动，不对，相差的数是 125 的话，那再下一个数应该是 32+125=157。"泡泡稳住小鱼，冷静地分析道。

"嗯，对的！"小鱼也反应过来，有点儿害羞地笑了。

"这也只是一种可能性，不过我们不妨先这样找找看。"泡泡信心十足，"不过，我们要怎么找到这些编号的道路呢？"

"唉，给你们张地图吧！"水晶球大人叹了口气，"虽然……唉，算了，给你们吧。"

见水晶球大人欲言又止的样子，小鱼满腹狐疑，好想一问究竟，总觉得跟自己有关。但泡泡国王见他们拿到了地图，就匆匆叫人将水晶球大人送回去了。

"好的，地图有了，路线也有了，我们可以出发了！"很快，小鱼这个乐天派又忘记了刚才的疑虑，招呼泡泡准

备出发。

　　泡泡国王为他们举办了简单的告别晚宴，临走前一再嘱咐泡泡要保护好小鱼，泡泡一一应下。

　　两个小伙伴就这样上路了。

扫一扫　听微课

左右脚独木桥的精灵

按照水晶球大人提供的地图和路线，小鱼和泡泡一走就是七天，一路上两人又说又笑，倒也不闷。

"**前面就是左右脚独木桥了，过了这座桥，应该就快到水晶宫了。**"泡泡一手举着地图，向前眺望，"天都要黑了，咱们快过桥吧！"

不过俩人还是没赶上天黑的速度，走到桥跟前时天色已完全暗了下来，加上水流湍急，都快看不清桥在哪里了。

"**小鱼，你过来看这里是不是有一盏灯？**"泡泡摸索着抓到一根灯杆。

"是啊，**不过这灯昨天就坏了。**"一个细小的声音在说话。

是谁在说话？小鱼和泡泡闻声望去，是一只泡泡王国的小精灵。

"咦？怎么走出这么远了还能见到我们王国的精灵？"泡泡一惊，一路走来确实没有见过精灵，还以为精灵们都只生活在泡泡王国里呢。

"**你怎么知道这灯坏了？**"小鱼没想那么多，直奔主题。

"**喏，这根就是灯绳，按道理拉一下灯就会亮，可昨天我连拉了100下都没亮。**"这只粉红色的小精灵扑闪着大眼睛，萌萌的。

"呃……如果灯是坏的，就算拉1000下也没用啊……"泡泡为这个小精灵的智商"着急"。

"**它原本是亮的，突然就坏了，**可能是灯丝断了，也可能是送电器那边出了故障。"粉红色小精灵倒是不以为意。

"这个简单，我去修修。"小鱼以前在水晶宫见过螃蟹电工修灯泡。

"不过……是不是要先断电？"泡泡隐约记得有人跟他提过用电安全的事情。

"嗯……是啊，**但不知道现在灯泡是通电还是断电的**

啊！"小鱼皱起眉头来。

"她连拉了100下呢……这可怎么算？"泡泡也发起愁来，"灯泡开始是亮的，说明是通电状态，所以拉一下就断电了，拉两下就又通电了……"

"你要一次一次数啊？那数完可能就天亮了，我们不如就地休息，等天亮再过桥。"粉红色小精灵摇摇头。

"不不，你们想，如果拉一下是断电，拉两下是通电，拉三下就又断电了，拉四下就又通电了……以此类推，所有的双数下都是通电的，所有的单数下都是断电的。"聪明的小鱼马上想明白了其中的规律。

"所以……100是双数，那就是通电的！"泡泡顺着小鱼的思路说下去，"所以我们得再拉一下，让它断电，这样你修灯泡时就不会有任何危险啦！"

"啊？不懂……"这粉红色的小精灵确实反应慢一点儿。

小鱼没有顾上给小精灵解释，拉了一下灯绳就赶忙过去修灯泡了，不一会儿工夫就修好了。

"呀！亮了！"泡泡见灯泡亮了，激动地跳了起来。

眼前出现了一座非常漂亮的桥，一个小格子一个小格子地排起来，暖色调和冷色调搭配得很匀称。

"这座桥为什么叫左右脚独木桥呢？"小鱼一边感慨眼

前的美景，一边好奇地提问道。

"你看这座桥是由小格子排列出来的，暖色调和冷色调
交错搭配。如果你上桥时左脚踩了暖色调的格子，那右脚
就只能踩冷色调的格子，否则就会一脚踩空，掉下桥去。"
粉色小精灵走上前来解释。

"那也就是说左右脚要交替走，一步一小格是吧？"
小鱼一下子就理解了。

"哦，我明白了！"泡泡灵机一动，突然想起刚才灯绳
的问题，"其实这跟灯绳的道理是一样的，灯绳是单数双
数交叉搭配，这左右脚独木桥是冷色调格子和暖色调格子

交叉搭配。"

"怪不得这座桥叫'左右脚独木桥'呢！"小鱼恍然大悟。

"好啦，快过桥吧！"泡泡笑着推了小鱼一把，两个人顺利地过了桥。

"你们是来救萌萌的吗？"告别前，粉色小精灵突然问了一句。

"萌萌？萌萌是谁？"小鱼回头问，"前面就是水晶宫了吧？"

"是的，往前走就行，再见！"泡泡顺着小精灵指的方向望去，转身还想多问几句"萌萌"的事，发现粉色小精灵已经不见了。

扫一扫 听微课

第三集

假萌萌的神秘阵法

　　过了左右脚独木桥，就真的离水晶宫越来越近了，水晶球大人给的路线就到左右脚独木桥为止，往下怎么走就要小鱼和泡泡自己探索了。

　　"怎么越走植物越稀疏呢？连人影都不见一个，问路都没法问。"小鱼有点儿累了。

　　"天也黑了，今晚总要找个地方过夜呀。"泡泡也有些着急了，"看，前面好像有个小庄园，我们过去看看能不能借宿一夜。"

　　走近一看，小庄园里有一两间房屋还亮着灯，泡泡拍

了拍栅栏门，喊了两声。

不一会儿，其中一间小屋的门开了，一只深紫色的章鱼探出头来。

"您好，我们刚好路过这里，请问可否借住一晚？"泡泡有礼貌地打招呼。

"哦，可以啊。萌萌？"章鱼自己没有动身，似乎想喊别人来招待。

"萌萌？"小鱼和泡泡对视一眼，这不就是刚才粉红色小精灵提到的名字吗？

"哎！"一只小一号的紫色章鱼从另一间屋里爬了出来，很有活力的样子，头上还系着一个黄色的蝴蝶结。

"你们好，我是萌萌，很高兴认识你们。"这只小章鱼很快过来打开了栅栏门，将两位客人迎了进去。

之前那只深紫色的章鱼已经回到自己的房屋，小章鱼萌萌带小鱼和泡泡来到旁边一间小客房。

"也不早了，你们在这里休息吧。"道过晚安，萌萌就离开了客房。

"好啦，我们也睡吧！"累了一天的小鱼一转身躺下了。

"有点儿怪，"泡泡却保持着警惕，**"这房间有点儿怪。"**

"哪里怪？"小鱼一听，一个滚爬了起来。

"说不好，也许是这个房间的布局吧。"泡泡开始四处查看，"你看，这房间有很多带星星的奇怪符号。"

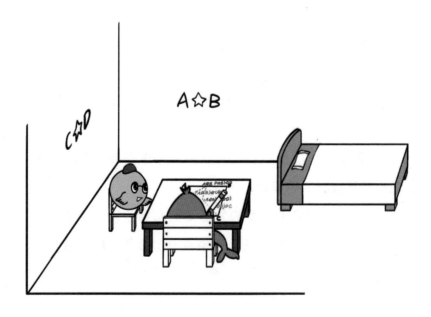

这是一个非常标准的正方形房间，房间里很多地方都有符号。

"房间的四个角上分别写着 A、B、C、D。"小鱼也仔细查看了一圈，指着墙边上很不起眼的位置，"这里有个'A☆B'。"

"这里还有个C☆D。"泡泡在墙壁的另一侧也发现了浅浅的符号字迹，并用手轻轻碰了碰，"这是阵法符号，

这房间被布了阵法。"

"什么阵法？"小鱼没接触过海底魔法，"会有什么作用？"

"不知道，我没有系统学过魔法，只听别的精灵说过。"泡泡紧皱着眉头，有些不安。

"那我们先把整个房间的符号搜罗一遍吧。"小鱼从桌上找到了纸笔，打算先画出个平面图来。

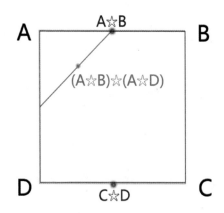

不一会儿，他们又在桌子底下找到了一个"（A ☆ B）☆（A ☆ D）"，很快平面图就画出来了。

"这个五角星到底是什么意思？"小鱼托着下巴坐在桌前。

"好像是……中点的意思吧，你看，每一串算式都代

表一个点，A ☆ B 刚好标在 AB 这条线段的中间位置。"
敏锐的泡泡发现了其中的规律。

"还真是！C ☆ D 正好在 CD 这条线段的中间位置。"
小鱼一拍手，兴趣盎然地接着分析道，"这个（A ☆ B）
☆（A ☆ D），刚好是括号里这两个点的中间位置！"

"原来这就是此阵法的奥秘，可是知道这个有什么用
呢？"泡泡还是紧皱着眉头，"再找找有什么线索。"

"这里！"小鱼在床边又发现了两个带"☆"的算式。

"（A ☆ B）☆（C ☆ D），这肯定不是这床的位置啊。"
泡泡指着念了起来，"（A ☆ B）☆ B，这是什么位置啊？"

"泡泡，这里有个按钮！"小鱼找到泡泡刚才念的算式
对应的位置，竟发现刚好有一个小小的红色按钮。

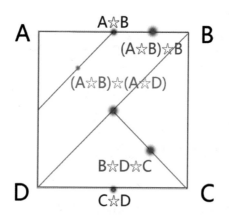

"是吗？我找找这个（A ☆ B）☆ B。"泡泡也开始扒拉着寻找起来，"哎呀，果然有个小按钮。"

"我们同时按下这两个按钮，看会发生什么吧。"好奇心十足的小鱼大胆提议。

"嗯……好吧。"一向谨慎的泡泡也点头同意了，"1、2、3，按！"

只听"咔嚓"一声，房间一角突然发出一道刺眼的光，小鱼和泡泡都被晃得睁不开眼了，不久光暗下去了，眼

前出现了一个大笼子，"咦？这笼子里竟然又有一个萌萌！"

"谢谢你们，快救我出去吧！"这个萌萌看上去十分虚弱。

"怎么……刚才……"小鱼惊讶地都说不出话来了。

"你们见过 B 版萌萌了是吧？唉，我也不知道为什么会有一只跟我一模一样的章鱼，她出现后就用阵法把我囚禁了，还在外面冒充我。"这个萌萌掉着眼泪说道，很是可怜。

"怪不得刚才那个粉色小精灵会说救萌萌呢！"小鱼联想到在左右脚独木桥遇见的小精灵。

"可是我们怎样才能救你出来呢？这笼子怎么打开？"泡泡相信了她的话。

"我记得那假萌萌锁这笼子的时候念了一句……B☆D☆C，不知道是什么意思。"萌萌擦了擦眼泪，努力回忆道。

"我知道！"小鱼一听这带五角星的咒语就很激动，"我来找找。"

"咦？这 B☆D 跟之前那个红色按钮在同一个位置呀，"泡泡很喜欢总结，"看来同一个位置可以用不同的

方式来表示呢。"

"这里果然有个黄色的小按钮，"小鱼迅速锁定了位置，毫不犹豫地按了下去，果然，萌萌的笼子应声开了。

"那现在我们怎么处理那个'假萌萌'呢？"小鱼转头望向泡泡。

"好像他们这些B版复制生物背后都有复制条，把复制条取出来他们就不再记得自己的B版身份了。"虚弱的萌萌慢慢走出笼子。

"你们！"正说到这儿，那假萌萌竟然推门进来了，"你们好大的胆子！"

"还是你的胆子比较大吧？"小鱼上前大声质问道，"你是从哪里来的？为什么要冒充别人的身份？"

泡泡趁着小鱼吸引了假萌萌的全部注意，慢慢绕到假萌萌的后面，还没等这假萌萌说什么，就迅速摸到了一个复制条，一把拉了出来，假萌萌顿时像虚脱了一般，晕倒在地。

"怎么了？怎么了？"那只深紫色的章鱼闻声而来，眼见两个萌萌吓了一跳，"呀！这是怎么回事？"

"姑妈！"萌萌一见亲人，"哇"的一声哭了出来，扑倒在大章鱼怀里。

原来大章鱼是萌萌的姑妈，假萌萌取代了真萌萌的位置后，姑妈一直没有察觉，因为两者实在是真假难辨。大家给姑妈细细讲述了事情的原委，天也渐渐亮了。

"这假萌萌怎么办呢？"小鱼看了看还在地上躺着的假萌萌，望向萌萌。

萌萌面露难色，低头想了想："哎，算了，她也蛮可怜的，如果她醒来失忆了，不记得发生过什么的话……姑妈，我们就收留她吧。"

"真是个善良的好孩子，" 姑妈欣慰地笑了，"都听你的。"

小鱼和泡泡对视一眼，会心一笑。

趁着天还没完全亮，大家又各自补了会儿觉。天亮后，热心的萌萌又送了他俩一程，小鱼和泡泡很快就到达了水晶宫。

扫一扫 听微课

第三篇

魔法学院迎接新生报到
半信半疑误入时光机器

正向思考

　　再复杂的问题也是由简单的问题组成，一个脚步一个坑，循序渐进，掌握事情发展的脉络是解决问题的法宝。也是我们常说的惯性思维。

你有没有见过那种不管遇到什么事都不慌不忙的人?

——会把复杂问题分解成几个简单的步骤,一步一步按顺序完成。

做一桌饭都会列个计划。

为什么有的孩子拿到题目常常不知如何下笔?

为什么有的孩子非得教他才肯思考?

为什么有的孩子学得不扎实?

蟹校长的入学测试

小鱼和泡泡历经千辛万苦终于回到了水晶宫，鱼国王见到又黑又瘦的小鱼眼泪都下来了，原来小鱼整整失踪了三个月，没有人知道到底发生了什么。

"父王，您别难过了，我这不是回来了吗？"大大咧咧的小鱼不想再劳师动众调查这件事，又想起之前假萌萌的阵法，突然对父王说：**"不过经过这件事，我想学魔法。"**

"学魔法？"鱼国王将将嘴边的两撇胡子，"好啊，正**好这几天海底魔法学院要开学招新，你可以和泡泡一起去学习。"**

就这样，小鱼和泡泡赶紧收拾好东西，兴奋地出发了。

"欢迎大家来海底魔法学院报到！"一只大红螃蟹戴着高高的礼帽眯着眼睛说道，"但是！要进入我们学院必须要通过入学测试！你们自由组合，三人一组，一起来完成我们的挑战吧！"

"哎呀，我们才两个人。"小鱼有些着急了，四处观察起来，"得再找一个人组队。"

"哎，那不是萌萌嘛！"泡泡飞得高，眼睛又尖，一眼看到了人群中一筹莫展的萌萌。

"萌萌！"小鱼赶紧向萌萌挥手，老友相见分外亲。

原来萌萌也是来报到的，经历了上次的"假萌萌事件"，姑妈也很心焦，第一时间就给萌萌报了名。

三个好朋友就这样组了队，到蟹校长面前迎接挑战。

"咦？"蟹校长眯着的眼睛睁开了，用难以捉摸的眼神望着小鱼，"你是……"

"我是小鱼。校长您好。"小鱼有礼貌地说道。

"哦哦。"蟹校长脸上闪过一丝慌乱，又马上恢复镇定，"好啊，你们去吧。"

**这入学测试分为三个关卡，要三个人齐心协力共同完成。第一个人负责砍木头，第二个人负责运送木头，第三

个人负责把木头种到土里，然后三个人一同虔诚地许愿，只要够真诚，木头就会发新芽，测试就算通过。

"木头发新芽？"认真的泡泡心里有些打鼓。

"我来砍木头吧，我的力气应该是最大的。"小鱼主动请缨，揽下最辛苦的第一关。

"那我来运送木头吧，我脚多，嘿嘿。"萌萌也自己领了任务。

"那我就第三关吧。"泡泡点点头。分配好任务，三个人各自来到岗位上，"我们先试验一次吧，看各个环节会有什么问题。"

泡泡开始安排大家试验这个复杂的任务。

果然，这木头好硬，很难砍断，小鱼试验了几次才慢慢摸索出砍木头的诀窍，**一根木头砍成 3 段，6 分钟就可以完成。**

萌萌脚多，运起木头来超利落，**运一次也就需要 1 分钟**，这项工作很适合她。

"不行，你们这样有失公平，"蟹校长见萌萌速度快，**竟跳出来重申了测试规则，**"一次只能运 2 段木头。"

三个好朋友心有灵犀地互相看了一眼，心里暗暗给自己打气——**无论规则怎么变，我们都一定能完成测试。**

"这木头不能直接种在土里，要 4 段搭成 1 棵'木头树'，否则是无法生新芽的。"蟹校长见泡泡插了一地的木头，忍不住笑出声来。

泡泡尝试着把4段木头搭起来，差不多也需要1分钟，试了几次觉得也没什么问题了，就招呼两个好朋友正式开始。

"你们要开始了吗？好的，**给你们1根木头，搭出'木头树'。一关结束后才能进入下一关，15分钟之内必须完成任务。**"

"如果1棵'木头树'需要4段木头，我就直接砍成4段好了。"小鱼自己扒拉指头算了算。

"哎呀，好复杂的问题啊。我们先研究一下，蟹校长，待会我们再开始。"一向谨慎的泡泡决定**暂停测试，凡事要先做好规划再动手。**

"这样我们一共能搭出多少'木头树'啊？"萌萌也凑过来查看泡泡这片用来插木头的沙地，"放得下吗？"

"别着急，从头来分析。刚才小鱼1根木头砍3段，需要6分钟。"泡泡分析道，"也就是1段2分钟，那现在要砍4段，就需要8分钟了。"

"不对，我砍3段其实是砍了两下，不能按段算。"小鱼亲自砍了木头，所以最有体会，"砍一下是3分钟，那砍成4段的话需要砍三下，就需要9分钟了。"

"哦，这么算是对的。"泡泡点点头，"接着萌萌就可以运送木头了，萌萌一次运2段，4段需要运两次，也就

是 2 分钟。"

"那就是 9+2，11 分钟了。"小鱼一直在心算。

"我这边是 4 段搭出 1 棵'木头树'，需要 1 分钟。"泡泡接着算，"那就是 12 分钟了。"

"我们还剩下 3 分钟时间来许愿，应该也没问题。"萌萌带着几分自我安慰的语气。

"动起来吧，我们加油！"小鱼乐观地给大家打气。

因为算得精确，一点儿时间都没有浪费，这么复杂的问题被轻松分解成三个步骤，一步步算清楚，很快他们就进入到许愿环节。

"哎呀！这木头树真的发了新芽！"看到几棵"木头树"顶上隐隐绽开的绿色，小鱼开心地喊出声来。

蟹校长的嘴边闪过一丝诡异的微笑，点点头示意他们通过了入学测试。就这样，三个好朋友都顺利成为了海底魔法学院的学员。

扫一扫 听微课

数数节的默契考验

　　小鱼、泡泡和萌萌三个好朋友开始认真学习各种魔法，过得不亦乐乎，转眼到了一年一度的数数节。

　　"数数节？"小鱼第一次听说这个节日。

　　"据说这是海底魔法学院一年一度的盛会，每年蟹校长都会准备别出心裁的奖品。"泡泡早就打听好了。

　　"真的是比赛数数吗？"萌萌觉得这实在没什么难度。

　　"当然不是，每年比试的内容都不一样，比什么的都有，蟹校长说了算。"泡泡解释道。

　　"不管比什么，我们都加油！"乐观的小鱼为大家鼓劲儿。

很快，让人兴奋不已的数数节终于来了。所有魔法学院的学员都早早来到会场。

"欢迎大家来参加今年的数数节！"蟹校长一脸庄重地发言，"这一届我们采用组织小组赛的形式，三人一队，请大家先迅速结队。"

又是三个人？简直像给小鱼他们量身设计的！当然是跟泡泡、萌萌结队了。

"好的，第一关比赛指甲刀魔法，第二关比赛摇摇舞魔法。通过前面两关的小组才可以进入第三关。"蟹校长前两关设计的都是平时学过的魔法，很简单，小鱼一组很快就闯了过去，到了第三关，竟只剩下他们一组学员了。

"第三关就没有那么容易了，"蟹校长看了一眼小鱼，"如果你们闯过去了，就会成为本届数数节的冠军。考验什么先不告诉你们，来，**这里有三间暗室，你们三个分别挑选一个进去吧。**"

小鱼看了看泡泡和萌萌，想都没想就挑了第三间进去了。

泡泡凑过来悄声给一向胆小的萌萌打气："没关系，遇到任何问题大声叫我们。"

泡泡便径直走向第二间，萌萌走进第一间。

哟呵，**暗室里什么都没有，只有一杯泛着青色的饮料。**

泡泡认识，这是绿藻茶，他平时也爱喝。

可是这是什么意思呢？是让我们喝掉吗？

三个人都不明所以。

过了一会儿，蟹校长在外面喊三个人出来。

"好的，**这一关是要考察……你们三个人的默契度。**"蟹校长狡黠地一笑，"我们在暗中观察你们在暗室中的举动，你们不是一直自称好朋友嘛，考验你们默契度的时间到了。"

小鱼他们三个面面相觑，不知道是要考什么。

"第一间暗室里的是……萌萌！"蟹校长有些小得意地点出萌萌来，**"我的问题是——你们三个人是不是都喝了我的茶水？"**

萌萌一慌，心想自己怎么知道他们的情况呢……也不能随便回答，只好说："**我……我不知道。**"

围观的学员中响起一阵哄笑。

蟹校长更加得意了，又点出泡泡来："泡泡，你在第二间暗室，我接着来问你——**你们三个人是不是都喝了我的茶水？**"

泡泡眉头一锁，没有立即回答，而是认真分析了起来，转而想明白了，抬起头来自信地答道："**我也不知道！**"

"呃，不知道怎么还这么高兴？""是不是让蟹校长气傻了？"台下围观的学员们窃窃私语起来。

小鱼也先是一惊，一脸茫然地望向泡泡，见泡泡冲他眨了眨眼睛，小鱼立刻心领神会。

"哈哈，到你了小鱼，你在最后一间暗室，如果你再答不上来，我就要判你们失败出局咯？"蟹校长无比得意地点出小鱼来，"依然是这个问题——你们三个人是不是都喝了我的茶水？"

"是的，蟹校长。"小鱼镇定自若地答道。

在场所有人都屏住了呼吸。

"呃……什么？你怎么会知道？"蟹校长也乱了阵脚，一时不知如何应对。

"这个很容易，一句一句分析就可以。"小鱼微微一笑，往前走了一步，向满是疑惑的观众解释道："萌萌说不知道是不是所有人都喝了，可见她喝了，否则她直接回答'不是'就好；同样的道理，可推断出泡泡也喝了。那我知道自己喝了，所以，我们三个人都喝了。"

全场先是一阵寂静，接着响起了雷鸣般的掌声，大家都为小鱼的解释叫好。蟹校长的脸红一阵白一阵，万万没想到这个坑都被他们三个跳过去了。

"幸亏我们三个彼此信任，说的都是实话，否则小鱼也没法推理出来。可见我们三个还是默契十足的。"泡泡走上前来点明主题，然后充满深意地望向蟹校长。

"蟹校长，那我们是不是算通过考验啦？"萌萌也笑着走上前来。

"嗯……是啊，你们通过了。"蟹校长能说什么呢，只好点头同意。

"那……我们的奖励是什么呢？"小鱼心心念着这件事情呢，赶紧凑上来问。

"奖励……"蟹校长低下头，似乎又在想什么鬼主意，"好啊，你们可以去参观我们学院最新的科技研究成果，这可是万里挑一的殊荣，千载难逢的好机会呦！"

"太好了！"对一切充满好奇心的小鱼欢喜雀跃。

就这样，本届数数节在一片赞叹声中落下帷幕，小鱼他们又开始期待那个最新的科技研究成果了。

扫一扫 听微课

第三集

时光大门的倒退秘密

"来来来！"蟹校长热情地招呼小鱼、泡泡和萌萌来到学院深处的一个厂房门前，这扇大门上面长满了各种海底植物，感觉沉重到就要无法开启的地步。

"这就是我们学院的最新研究成果——时光大门。"蟹校长自豪地介绍道，"你们真是幸运儿，可以成为首批进入大门的学员。"

"这……进去之后会发生什么事情呢？"泡泡对之前蟹校长的种种刁难记忆犹新，确实不是很信任这位校长。

"太刺激了！"一旁的小鱼却丝毫感觉不到危险，兴奋

得手舞足蹈，"我们什么时候动身？"

"进去之后，你们将开启一段神奇的时光之旅，会穿越到过去的日子里。"蟹校长的嘴边露出一丝不易察觉的微笑。

"可是……我们怎么回来呢？"泡泡心里不安。

"进去了你自然就知道如何回来了。"蟹校长卖了个关子。

"可是……"萌萌还想再发问，却被小鱼一把拉住了。

"别可是啦！我们进去以后就知道啦！"小鱼按捺不住激动的心情。

泡泡虽然心里有些疑虑，但因为是数数节的奖赏，还是忍不住好奇。

蟹校长忙乐颠颠地命人打开大门，瞬时间一道金光从门内射出，三个好朋友情不自禁地赞叹出声来，拉住彼此的手，一同走进大门。

后脚刚迈进门来，大门就"轰"地一声关上了。

"总觉得哪里不妥，可又说不上来。"泡泡自言自语了一句，"算了，我们走走看。"

原来这门内啊，并不是一个厂房，而是直接通向了另一个世界，这里有一大片彩色的珊瑚林，真是美极了。

"看，那边有位螃蟹大婶，我们过去问问这是哪里吧。"泡泡老远看见一位螃蟹大婶正守着一篮东西，神色慌张。

走近一看，**原来她在吃一篮果子。**

"大婶您好。"泡泡有礼貌地上前打招呼，"请问这是哪里啊？"

大婶并没有回答他，而是继续往嘴里塞着果子，一副很痛苦的样子。

"大婶您没事吧？"萌萌察觉到大婶的不自在，"您为什么一直在吃果子啊？"

"我……我只是……"大婶边往嘴里塞边努力说道，**"我只是想知道我到底有多少果子，只能这样吃下去，根本停不下来。"**

"呃，那您……吃了多少了呢？"小鱼看她吃得难受，自己也有点儿不舒服。

"我……这次是吃了之前剩下的一半还多4个。"螃蟹大婶挣扎着说道。

"哦……"泡泡觉得怪怪的，不想再逗留，就暗示小鱼和萌萌离开，"那，您先吃着，我们去那边看看。"

小鱼和萌萌满脑子问号，跟着泡泡离开了。

"好奇怪啊，但是又说不出来哪里奇怪。"泡泡边走边嘟囔着。

"咦？怎么再也找不到那扇大门了？呃，怎么又转回来了？"小鱼停下了脚步，指着前面惊讶地说。

他们竟然又碰到了刚才的螃蟹大婶。

"大婶您好。"小鱼又过来打招呼，**"您还在吃呢？"**

"什么？"螃蟹大婶依旧没有停下来，"为什么说'还'呢？"

"您这次又吃了多少呢？"萌萌关切地望向她的篮子。

"我这次吃了剩下的一半。"大婶边吃边说，"哎，我只是想知道我到底有多少果子，只能这样吃下去，根本停不下来。"

"咦？您刚才告诉过我们一次了。"小鱼挠挠头。

"大婶您吃着，我们告辞了。"泡泡想赶紧走，拽着小鱼和萌萌就离开了。

"你拽我干嘛？我还想问问清楚呢。"小鱼甩开泡泡的手，回头还看着那大婶。

"太奇怪了，你们有没有觉得这大婶就像没有见过我们一样。"一向镇定的泡泡也有些慌了。

"而且哦，那篮果子感觉比上次遇到她时还要多。"萌萌睁大了眼睛。

三个人面面相觑，不知如何是好。

"先走走看，看能不能遇到其他人。"小鱼觉得站在原地也没什么办法，不如闯一闯。

结果——你们猜到了吗？

一转弯三人又遇到了那位螃蟹大婶，她还在吃果子。

"天啊，怎么又是她？！"萌萌在一旁吓坏了，"泡泡，你过去看看她的篮子，果子是不是又多了？"

果然，篮子的果子几乎是满的。

"我明白了，我们是在时光大门中，我们在倒退……"
泡泡反应过来。

"那我们岂不是在往过去走？还能回来吗？"萌萌一下
子慌了神，"蟹校长这是……"

"一定有办法！"小鱼总是这么乐观，"我过去问问那
大婶。"

没等泡泡阻拦，小鱼已经冲到了螃蟹大婶面前。

"大婶您好，我知道您不记得我了，我想知道要怎么才
能让时光倒退停下来。"小鱼有些着急。

"孩子我不知道你在说什么，我只想知道我有多少果
子。"螃蟹大婶应对自若。

"这个也简单，你总这样吃，是吃不出来有多少的。"
泡泡走上前来，"您能告诉我您这次吃了多少吗？"

"我吃了全部的一半啊。"螃蟹大婶根本停不下来。

"我能数数你篮子里的果子么？"小鱼问道。

但这螃蟹大婶却不再搭话，只是吃，三人也不好生生
去夺她的篮子。

"好，我们来分析一下，我们第一次遇到她时，她说她
吃了剩下的一半还多 4 个；第二次遇到她时，她说她吃了

剩下的一半，这次她又说她吃了全部的一半。这些都得倒过来。"泡泡终于镇定下来。

"也就是说，正确的顺序是——**她先吃了全部的一半，然后又吃了剩下的一半，最后又吃了剩下的一半还多4个，最后剩了几个？萌萌你看清了吗？**"小鱼转头问萌萌。

"6个，我看清了。"萌萌嫣然一笑，"我的幸运数字。"

"行，我们来研究一下她到底有多少果子。"三个人各自埋头划拉去了。

过了一会儿三个人各自把自己的结果拿出来看——哟呵，三种完全不同的方法竟然得到了同样的答案，真是殊途同归啊！

"这能体现出咱们的不同风格呢！"泡泡忍不住笑了，"小鱼你就是大大咧咧，怎么简单怎么来，果然这方法最形象简单。"

"萌萌心思细腻，果

然就画了一条线，哈哈！"小鱼
接着说道。

"是啊，泡泡逻
辑最严谨了，看
这箭头画得多清
楚。"萌萌也笑了。

"好了，螃蟹大婶，您不用
再吃了，**您一共有80个
果子。**"小鱼赶紧过去
告诉还在拼命吃果子
的大婶。

"是吗？"大婶终
于停了下来，"一共80个？"

就在大婶停下来的一瞬间，远处传来重物落地的声音。

泡泡赶紧飞高点儿一看，呀，那扇大门又出现了。

"我们快过去，看是不是能通过大门回到现实。"泡泡
着急得拽着小鱼和萌萌就奔了过去。

果然，这扇大门又可以开启了。随着大门的打开，后
面的珊瑚林渐渐消失了，门外又是蟹校长那张严肃的脸。

"你们……竟然回来了。"蟹校长气得胡子都立起来了。

　　"蟹校长，您把我们送进去是打算让我们永远留在过去吗？"小鱼胆大直率，毫不客气地走出来质问蟹校长。

　　"你们……"蟹校长平复了一下心情，语气缓和下来，"没有，你们误会了，让你们体验一段时间后我会亲自去接你们回来的。"

　　"罢了。"泡泡在后面拽拽小鱼，小鱼想了想，退了回来。

　　蟹校长也没再说什么，放他们三个回家了。

　　"真是太惊险了。"泡泡心有余悸。

　　"不过的确是一次奇妙的经历啊。"大大咧咧的小鱼倒是挺享受这段奇遇。

　　"确实挺刺激，跟你们交朋友总是有惊喜。"经历了这一遭的萌萌似乎也勇敢了不少。

　　三个好朋友的关系更密切了，他们对海底魔法学院和蟹校长也有了新的看法，提高了警惕。

扫一扫　听微课

第四篇

复制虾兵暴露神秘计划
小岛奇遇颠覆疯狂假期

逆 向 思 考

　　正着走不通时就会想到倒着走，这
是迷宫；正着想不通时也可以反着想，
这是生活。换一个角度思考问题，就能
看到更完整的世界，拥有更多角度才能
成为一个更客观的人。

你有没有见过那种看问题总能看到另一面的人？

——遇事总能保持冷静，用不同的方法尝试解决问题。

不会轻易被社会舆论绑架。

为什么有的孩子会"死脑筋"？

为什么有的孩子题目一变就不会做了？

为什么有的孩子总是那么"单纯"？

突然出现的珊瑚岛

转眼一个学年过去了，小鱼和泡泡迎来了他们的假期。放假了最开心，小鱼几乎每天都要睡到中午才起。

"泡泡，泡泡，你快来看。"今天奇了怪，是小鱼过来叫泡泡起床呢。

泡泡揉了揉眼睛，不太情愿地爬起来，蹭到小鱼所指的窗边。

哟呵，这窗外原来可没什么好景致，怎么突然出现了一大片珊瑚岛？

"不对啊，这珊瑚岛可不是一天两天就能形成的，这是

从哪里来的？"泡泡一下子清醒过来。

"是啊，想不想过去看看？"小鱼跃跃欲试。

"这个……确实有点儿蹊跷啊，我们还是去跟鱼国王说一下吧。"泡泡虽然也很好奇，但还是想采用更保险的方法。

"哎呀，跟父王一说，肯定会拦着不让去，麻烦。"小鱼兴奋起来，"就这么定了，我去给萌萌发封泡泡信，让她也一起去。"

泡泡信是海底魔法世界的通讯工具，直接以水泡为传输介质，速度非常快的。

这不，萌萌马上得到了讯息，不一会儿就赶了过来，三个人兴高采烈地出发了。

"哇，从水晶宫窗口看起来还不觉得大，走近了才能感受到，真是座小珊瑚岛呢。"小鱼感慨道。

"你们看那边有个小路口，似乎可以走进岛里去。"泡泡说。

"要进去了吗？哎呀，里面好黑啊。"萌萌还是有些害怕。

"别怕。"小鱼过来紧紧拉住萌萌的手，泡泡也凑过来紧紧贴着小鱼，三个好朋友小心翼翼地走了进去。

却不曾想——**小鱼刚走了没几步就一脚踩空，跌落入**

一个沙洞中，萌萌和泡泡也被一起拽了下去。小鱼觉得像在坐滑梯一样，一路下滑，滑了好久才重重地摔到海底，真的是海底啊。

"哇，好漂亮！"萌萌看来是没摔疼，第一时间发现了这黑暗中的星星亮光。

"这是深海鱼，海底这么黑，还好有他们发光照亮这海底。"泡泡一边揉脑袋一边解释道，**"这种感觉有点儿像异度空间啊。"**

"啊啊啊！"突然有一个很厚重的声音响起来，听起来异常烦躁，"怎么又错了！！！"

"谁？"小鱼大大咧咧地问道，"是金三角大王吗？"

"来人了吗？"这个厚重的声音渐渐近了，借着这海底鱼发出的微光，能隐约看清是个山一样形状的大石头，果然是金三角大王！

"哎呀是老朋友！"小鱼兴奋地跳起来，"我们怎么又掉到您这儿了！怎么，您还是会移动的吗？"

"咦？怎么又是你们？那小海星呢？**你们来了正好，来帮我数清楚这些星星吧！**"金三角大王并没有回答问题，而是抛出了一个新问题，**"哎，眼神不行了，数了半天都没数对。"**

"数什么？"萌萌躲在小鱼的身后，悄悄问道。

"数我的星星啊！"金三角大王听到了萌萌的问题，"你们能帮我数清楚吗？"

"可以啊，包在我身上。"仗义的小鱼拍着胸脯说道。

"我并不是每天都从头数的，很聪明吧？**我只计算每天新生的星星，再加上我原有的星星，就是我现在拥有的星星啦！**"别看这金三角大王体型魁梧，脑袋还蛮简单可爱的，"给你们看我今天的记录。"

说着，几只海底鱼就凑到了一起，像点了一盏明亮的灯，转了一圈停在了一块地面上，小鱼凑过来一看，果然有数字。

"我觉得，主要是你眼神不好没数清。"**泡泡知道这大王所说的"星星"，其实就是这海底鱼，他连星星和海底鱼都分不清，你说凭这眼神还能指望数清楚吗？**

萌萌会心一笑。

"**好了，我来帮你数吧。**"心思简单的小鱼立马开始数起来，"你数的这个新增星星数目啊，**十位个位都不对，你把个位上的2看成了3，把十位上的1看成了7，所以加上原来的星星数才算成了91。**"

"什么乱七八糟的？你直接告诉我事实上应该是多少不行吗？"金三角大王不光眼神不好，算数也不大行。

泡泡却拦住小鱼，向金三角大王说："**告诉你也可以，不过你要回答我们几个问题。**"

"可以啊，说吧，在这个世界上我无所不知。"金三角大王倒也爽快。

"这里到底是什么地方？"泡泡毫不客气地问道。

"这里是我的异度空间啊。"大王回答，"**你们是闯进来的第二拨人，要知道这个世界是我创造的，我就是这里的神。**"

"**你是说这个珊瑚岛是你创造的？**"小鱼问。

"是啊，不然你觉得为什么这个珊瑚岛可以移动呢？因为我可以动啊！"大王的语气有些嘚瑟了。

"那你能再使用弹力魔法把我们送出这里吗？"泡泡最关心这个问题了。

"当然可以了，我是这里的神！"金三角大王有些不耐烦了，"好了！你们快告诉我到底有多少星星吧！"

"这个简单啊！"萌萌胆子也大了些，"**我都能给你解释清楚了！个位看成3，十位看成7，那就是把新增的星星看成73了，如果算出来和是91，就说明原来的星星数是91-73，是18。而事实上你要加的数，个位是2，十位是1，也就是12，真正的结果就应该是18+12=30。**"

"听不明白，听不明白。"大王脑袋都晕了。

"我再给你换种解释试试。根据我刚才跟你说的，你倒着算一下不就得了。"泡泡一副小老师的样子，"个位上的2看成了3，那就是多看了1，减掉就好；十位上的1看成了7，那就是多看了6，不过在十位上，就是多看了60，减掉60。所以一共需要从91中减掉61即可。答案是30。"

"不可能，我只有30个星星吗？"金三角大王不肯相信。

"原来你是纠结这个啊。"小鱼笑了，"你难道不知道这些其实不是星星，是深海鱼吗？"

"你胡说什么呢？！我讨厌你们，你们快离开这里吧！"金三角大王发怒了，一时间地动山摇，小鱼他们都快站不住了。

紧接着一阵剧烈的晃动，深海鱼也都不见了踪影，周围黑漆漆的一片，只感觉一股力量正在凝聚，突然间就迸发出来，三个好朋友失去了知觉。

扫一扫 听微课

海公子的复制计划

小鱼睁开眼睛，看到泡泡在比着"嘘"的手势，示意他不要作声，旁边的萌萌正全神贯注地隔着珊瑚丛望着什么。

小鱼轻轻爬起身来，发现他们三个正好被几丛茂密的珊瑚围住了。小鱼也凑到萌萌身边，看到底发生了什么。

哇，好多长得一模一样的虾兵啊！

怎么会长得像一个模子刻出来的呢？

中间那个人好眼熟——小海！那不是小海吗？！

小鱼刚要喊出声，就被泡泡一把捂住了嘴巴。

"你仔细看看，感觉不像是我们认识的那个小海。"泡泡低声说道。

小鱼只好转过头去继续观察。

"你们这群废物！"为首的小海两手叉着腰，很生气的样子，"连这个都搞不清楚！"

"海公子，我们确实没有收集复制能量源的能力啊，可能只有小×还可以了。"一个小虾兵怯怯地说。

"可是只有小×一个人，我们的采集点那么多！"海公子愁容满面的样子。

"咱们……不是可以复制吗？复制一些小×就好啦！"虾兵继续献计。

"还用你说？！"海公子闭上眼睛，"制作具备这种能力的虾兵，成本很高的！我哪有那么多闲钱！"

"其实只需要每条路线安排一个就行，我们算算最少需要几个小×就好。"这个小虾兵没有放弃。

"恩……倒也是。"海公子睁开眼睛。

这一边，小鱼和好朋友们都惊呆了。

"什么复制虾兵？"小鱼闻所未闻，"为什么要复制？"

"感觉很不把虾兵当人啊……"善良的萌萌眼泪都快出来了，"哦不，很不把虾兵当虾啊……"

"小海为什么会在做这件事呢？"泡泡也百思不得其解，"上次他离开后发生了什么事情？"

"你们认识这个海星？"萌萌仔细从回忆中寻找着什么，"他是谁？我也觉得似曾相识。"

"不会，认识你的时候他已经离开了。"小鱼笑着摇摇头。

"我想起来了，**我曾经见过长得很像他的一位海星爷爷，他是个海底消毒员。**"

"海底消毒员？"小鱼和泡泡异口同声，"从来没听说过这个职业。"

"就是有一个机器，我们都要进去走一圈，这样就消毒了。"萌萌天真地说道。

"好奇怪，我要上去问问。"小鱼按捺不住好奇，跳了出去。

"小海！"小鱼喊了一声，海公子满是疑惑地转过头来。

"你是谁？"**海公子仿佛不认识小鱼的样子，**"怎么闯进来的？来人，给我抓起来。"

泡泡一见不妙，连忙也跟着跳出来："海公子，我们是来帮你解决问题的，问题解决了再抓我们也好啊。"

"解决什么问题？"海公子停了手。

"就是你刚才说的那个小 X 的问题呀。"泡泡反应快。

"是啊，我们是这海底世界的神算子，给我们点时间，帮你解决问题。"小鱼这次脑筋倒是也转得快。

"莫非是父王派你们来的？"海公子一脸狐疑，"好吧，你们试试吧，解不出来的话马上抓你们。"

一个虾兵把躲在角落的萌萌也抓了出来，三个好朋友聚到一堆，虾兵们围了一圈，以防他们逃跑。

之前那个献计的小虾兵走上来解释道："现在我们有 ABC 三个能量源采集点，每人每天可以去其中一个，一个人连续两天不能在同一个采集点。我们的能量采集虾兵一般都出去五天，最后在 C 处集合。这些能量源很神奇的，如果去的顺序不同，那它供应的能量源也不同，所以我们要排出尽量多的采集顺序，有一种顺序我们就需要复制一个小 x。"

"啥意思？"听完后萌萌还是一脸蒙圈。

"比如，有一个采集虾兵，第一天去了 A，第二天去了 B，第三天去了 C，第四天去了 B，第五天去了 C。这就是其中一种顺序。对吗？"泡泡举了个例子。

小虾兵点点头："是的，是这个意思。"

"是啊，那就是说也可以 ACBAC，也可以 CABAC，也可以 BCABC……只要最后一站到 C 就行。"小鱼也理解了。

　　泡泡想了想，找了根珊瑚枝在地上划拉起来："我们还是画个图好了，光用脑子想不太容易。"

　　"这样我就**把以A为起点的写完了**。"泡泡停顿了一下，"**还得画B起点和C起点的。**"

　　"**A和B是一样的吧？就画C的好了。**"萌萌也越来越爱动脑筋。

"或者……我们可不可以反过来想？"小鱼眨眨眼睛，"起点不确定，但是终点一定是C啊！"

"对哦，我们可以反过来从C开始走。"泡泡反应过来了，迅速把刚才画的擦掉，重新画起来。

"后面这些2是什么意思？为什么不继续画了？"萌萌不解，继而又自己想开了，"哦！计数而已，已经到最后一步了，不画也知道了。"

"有道理！"小鱼也心领神会。

"所以一共是16种。"泡泡转过头来对海公子说。

"很好，那我就再复制15个。"海公子回身对几个虾兵吩咐了一下，转过来对小鱼他们说："好了，现在可以把你们抓起来了。"

"什么？"小鱼一惊。

虾兵们一拥而上，三个好朋友就这样被扔进了地牢。

扫一扫 听微课

复制机器的高级证明

"怎么会把我们关起来呢？"小鱼百思不得其解，"这还是我们认识的小海吗？"

"太不讲道理了……"萌萌紧紧拽着泡泡，周围太黑有些害怕。

"你们有听到什么声音吗？"泡泡却一直竖着耳朵。

三个人都不再说话，安静下来听。

果然似乎有呼救的声音，循声找去。

"小鱼，泡泡，是我啊……"虚弱的声音。

走近一看，地牢房里竟然还关着……天啊，这，这……竟然是小海！

"这一幕似曾相识啊。"泡泡努力回忆。

"萌萌！"小鱼想起来，与之前发现萌萌的经历如出一辙。

"你们见过那个假小海了吗？"这个虚弱的真小海使劲儿蹭到泡泡他们身边。

"这到底是怎么回事呢？"泡泡察觉到这事情背后不简单。

"哎，这假小海是我复制出来的，没想到竟然取代了我的位置。"小海眼角泛着泪光。

"为什么要复制呢？"

"是我父王交给我的任务，本来想复制个自己出来帮我干活，我乐得清闲，真是没想到，他这么聪明。"小海一脸悔恨。

"现在怎么办呢？"泡泡比较关心接下来怎么逃出去。

"这地牢是我修的，你们这间牢房有个暗道，出去之后是个密室，**里面有一台复制机器，可以通过它重置原始数据**。在我复制出假小海后，我就把这台复制机器放在密室了。重置数据后咱们就可以从复制机器背后的小门出去

了。"小海一口气说了这么多话，停下来喘了喘。

"什么叫重置原始数据？"小鱼问。

"他们这些复制出来的β版人背后有一个复制条，重置可以抹掉数据，这样他们就会失去记忆，你们就可以去制服假小海了。"小海接着说。

"哦！我知道复制条，拿出来也是可以的。"萌萌回忆起来之前的经历。

"那我们快去试试吧。"小鱼迫不及待地冲到前面去。

按照小海的指示，果然发现了密室，三个人依次走了进去。

"天啊！我认识这机器！"萌萌一眼就认出了，**"这就是……那个消毒机器！"**

"原来你之前就是这样被复制的。"泡泡推理道，"所以你见过的海星爷爷，可能就是小海的父王。"

"可是为什么要复制我呢？"萌萌想不明白。

"因为你妈妈啊。"这复制机器竟突然说话了。

"是你在说话吗？"小鱼不敢相信这机器会说话。

"是我啊。我是一台高级的机器，当然会说话。"果然是这机器发出的声音。

"为什么是因为我妈妈？"萌萌接着问道。

　　"这我就不清楚了。你们来干什么？"复制机器不接萌萌的茬儿，反问道。

　　"我们想重置原始数据。"单纯的小鱼直接说明来意。

　　"哈哈哈。"复制机器笑道，"怎么可能？我怎么会让你们重置数据。"

　　"为什么不可能？你想想自己为什么会被遗弃在这里？"泡泡想用激将法，"你不想做点什么证明自己的实力吗？"

　　复制机器不说话了。

　　小鱼他们也不敢作声，静静地等待复制机器的答复。

　　"好吧，你说的有道理。**我这里存有100个B版人的数据。"**复制机器松了口，**"不过，不可以把所有的都重置。"**

　　"为什么？"小鱼问。

　　"都重置了还怎么显示我的能力？"复制机器有些着急，**"我是一台高级的复制机器，是可以指定范围的。"**

　　"那你打算重置哪些B版人的数据呢？"泡泡追问道。

　　"恩……**想一个高级一些的指令，越复杂越好。"**自负的复制机器要求给自己出难题。

　　"我试试。"小鱼喜欢挑战难题，**"100个B版人的数据是吗？那就算是1~100号吧。我要你删除掉所有号**

码中不含有数字4的13版人数据。"

"什么？为什么是4？"萌萌低声问。

"无所谓，我随便说的。反正假小海最后一个被复制出来的，应该是第100号，只要把它删除就行。"小鱼悄声回答。

"不，不能你说什么就是什么，我是一台高级的机器，我要自己设定。"复制机器表示不同意，但是又不知道如何来修改指令。

"这样吧，你可以随便说一个数字，来改掉4这个数字就好嘛。"**泡泡发现其实哪个数字都是一样的。**

"那也行，恩……**那就删除掉所有号码中含有数字7的吧！**"复制机器没怎么记清刚才小鱼的指令。

"哎呀，'含有'的比'不含有'的少多了。"小鱼拽了拽泡泡，摇摇头。

"你不是想要显示你的高级吗？那直接删除'含有数字7'的多没难度啊，删除'不含有数字7'的又多加了一个弯儿。"泡泡得到小鱼的提醒，继续向复制机器建议道。

"恩，也行，那我开始删除啦，1号，删除，2号，删除……"复制机器的绿灯黄灯开始交替闪烁，看来是开始工作了。

　　"他这样一个一个删除得到什么时候啊？待会儿可能就有人发现我们啦。"萌萌着急了。

　　"复制机器大人，您看这样好不好？"机灵的泡泡打断了复制机器的工作，**"不含有数字7的也太多了，我们可以先找含有数字7的，把这些保护起来，剩下的删掉就好啦。倒着想，换一个角度想，就又能显示出您的高级决断了。"**

　　"哈哈，有道理！"这复制机器还是很容易被忽悠，"那含有数字7的是7、17、27……"

　　"从7到97，这些个位有7的一共是10个。"小鱼等不及，抢着说出了答案。

　　"还有十位有7的，70、71、71……到79一共也是10个。"萌萌补充道。

　　"两组里面有个重复的号码，77。所以要去掉一个，也就是说一共有10+10-1=19个。"泡泡直接说出了最终的结果，**"这19个您就保护好，剩下的这81个就请删除数据吧。"**

　　"哟，你们算得倒是快。好的，马上删除。"复制机器得到指令还是蛮兴奋，**"我是一台高级的机器。"**

　　就这样，黄灯红灯又交替亮了一会儿，就停了下来。

"好了，我的工作完成了，我的主人。"重新工作的复制机器精神奕奕，一时间还以为回到了过去。

"好极了，我回去背上小海，咱们出去吧。" 小鱼还是有几分力气，三下五除二背上了虚弱的小海，四个人一同走出了地牢。

果然，整个珊瑚礁岛一片混乱，只有零星几个没有删除记忆的 B 版虾兵在试图维持秩序，但无济于事。小鱼他们也发现了正晕倒在地的假小海，把他扶到一边。

"大家先安静一下。" 小鱼跳到中间一个指挥台上，想先稳住局面。

搞不清状况的 B 版虾兵们都渐渐安静了下来，望向指挥台。

"你们当中也许有人还记得发生了什么,也许不记得了,不要紧，总之从今天开始，你们自由了。"刚刚完成了拯救行动的小鱼有些激动，有种当了英雄的感觉，所有的 B 版虾兵欢呼雀跃，很快就散开了。

"什么？"虚弱的小海一下子坐了起来，不小心打翻了萌萌捧给他的清水，"要把他们都放走吗？"

"小海，难道你还要继续复制 B 版人嘛？"泡泡坐下来，"你也看到了，**他们也有自己独立的人格，为什么要让他**

们无故为你效力呢？"

"就是啊，而且本来就该自己的事情自己做嘛。"萌萌有些不高兴地从地上捡起捧清水的荷叶。

小海听了，低下头羞红了脸。

"其实我也不清楚父王为什么要我做这个任务。"小海叹了一口气，"我也是因为不喜欢这工作，才会想偷懒的。"

"那你接下来想怎么办？"泡泡提出邀请，"要不你跟我们回水晶宫住段时间吧，反正我们的假期还没过完。"

怅然若失的小海点点头。

四个人一起出了珊瑚礁岛，向水晶宫走去。

"你们回头看，"要进宫门时，萌萌停下来回头看了一眼，竟发现珊瑚礁岛正在远去，"看

来它要漂走了。"

"一定是那金三角大王要走了。"小鱼笑了，想起可爱的大王，**"咱们是去他那儿的第二拨人，我猜第一拨人可能就是小海的父王。"**

"哎？小海呢？"泡泡突然发现，小海又不见了。

小海怎么不辞而别了呢?

三个好朋友在周围喊了一会儿小海的名字，无果，就只好暂时回水晶宫了。

扫一扫 听微课

第五篇

不完美国重置信心水晶
臭臭为伴再返水母庄园

整体思考

　　人要有大局观，要有框架感，总是纠结于细节容易因小失大。有时候忽略掉局部差异，从整体的角度看事情，眼界更宽阔。所谓退一步，海阔天空。

你有没有见过那种善于从大局把握事情的人？

——高瞻远瞩，心胸豁达，不拘小节。常常能大事化小，小事化了。

甚至有时显得很"健忘"。

为什么有的孩子会钻牛角尖？

为什么有的孩子很难融会贯通？

为什么有的孩子总是要小脾气？

臭臭的无心之过

　　小海悄悄离开了队伍，他并不想去水晶宫，有很多事情想不明白，想一个人静静。

　　不知不觉他走到一个陌生的王国中，奇怪，这地方竟也像小岛一般，全都是一模一样的虾兵。

　　"咦？你不是小海吗？"一个虾兵认出了他，"你怎么到这里来了？我们还真要感谢你还我们自由呢。"

　　还没等小海反应过来，旁边一个虾兵就不服气地嘟囔着："感谢他干嘛？还不是他把我们复制出来的。"

　　哦，**原来这些都是之前小岛上的 B 版虾兵啊。**

"这倒也是，**否则也不会有这么不完美的我们，就不会有现在这个不完美王国了，**"第一个虾兵突然垂头丧气起来，"哎，为什么要造出这么笨的我们？"

"不完美王国？哪有这样起名字的？"小海抬头四周一看，果然一片低迷的气氛，所有人都闷闷不乐的样子，难道真是自己的错吗？

虾兵们并没有为小海过多停留，就各自散开了。见前面有人围成一圈，小海也凑了过去。

"还钱！骗钱骗到我们不完美王国来了，真是落井下石。"一个卖指甲刀的小摊贩在吆喝着，他面前站着一个穿得严严实实的人，看不清楚面容。

"我也不知道那钱是假的。"对面这人小声辩解道。

"那你也得赔钱，赔 50 颗小珍珠总是要的。"这小摊贩一副不达目的不罢休的气势。

围观人群一片嘘声，大概觉得这赔偿金要的虚高。

"怎么能 50 颗？我一共就用了 1 颗大珍珠。""骗钱"的人音调高了几分，确实心里不忿。

这声音听起来很耳熟啊，小海觉得似曾相识，转到正面一看，呀，竟是臭臭。

臭臭是小海的儿时玩伴，从小一起在水母庄园长大，

他怎么会包裹得如此严实？他怎么会出现在这儿呢？

既然是好朋友就不能放着不管了，小海立马站了出来：
"能给我说明一下情况吗？我给评评理。"

臭臭一见这熟悉的面孔，眼睛都亮了："好啊，我说
给你听。"

"你是海公子吗？"这小摊贩也认得小海，"好啊，反
正你比我们聪明，那你来评评理。"

"我刚才拿 1 颗大珍珠买了 1 个指甲刀，这个指甲刀

价值 7 颗小珍珠，1 颗大珍珠能换 10 颗小珍珠，所以掌柜得找我 3 颗小珍珠。"臭臭解释道。

掌柜插话说："我当时没有小珍珠了，就去隔壁烧饼摊，用他给我的大珍珠换了 10 颗小珍珠找给他了 3 颗，结果没多久卖烧饼的就来找我说这颗大珍珠是假的，一文不值！"

卖烧饼的在旁边，对掌柜的说道："就是啊，竟然是颗假珍珠，差点上当受骗！您赶紧把我的 10 颗小珍珠还给我。"

掌柜叹了一口气："我手头没有零碎的小珍珠呀，这可怎么办？"

旁边的冰棍摊主看了看掌柜，摇摇头说："好吧，我先借你 10 颗吧，记得还我。"说着就从口袋里掏出了 10 颗小珍珠。

掌柜又叹了一口气："你看，又赔了 10 颗。你们算算吧，这里外里我赔了多少钱？！"

臭臭听到掌柜的抱怨，皱起眉头来："又赔了 10 颗？这 10 颗可不算你赔的吧？"

掌柜也往前走了一步，理直气壮地算起来："怎么不算？你们看，一开始我就赔了找给你的 3 颗珍珠，然后又

赔给卖烧饼的 10 颗，这不，又得还给冰棍摊主 10 颗，我这是赔了 20 多颗小珍珠啊！"

小海噗嗤笑了出来："掌柜的啊，您算的是不是不太对啊？你怎么只算你拿出去的，不算你收进来的呢？那最初卖烧饼的不是给过你 10 颗小珍珠？冰棍摊主不是也给过你 10 颗小珍珠？这些都不算啊？"

掌柜一时语塞，摸了摸后脑勺，不说话了。

"那……"一旁的臭臭也纳闷了，"那掌柜到底赔了多少钱呢？我要还掌柜多少钱？"

"你这句话算是问到点儿上了！"小海眨眨眼睛，微微一笑，"这个事件中确实牵扯了不少人，臭臭、掌柜、烧饼摊主和冰棍摊主，四个人，如果分开一个一个看就麻烦了，这个问题得整体来看。"

"怎么整体来看呢？"掌柜的也绕晕了，也想知道自己到底赔了多少钱。

"烧饼摊主一开始拿了 10 颗珍珠出来，但刚才你又给了他 10 颗，所以他没赔没赚；冰棍摊主虽然给了你 10 颗珍珠，但你迟早要还他的，所以他也没赔没赚。"小海停顿了一下，指着臭臭说，"而整个过程中珍珠并没有增多也没有减少，所以你赔的数量都是他赚的，对吗？"

掌柜和臭臭一起点点头。

"掌柜跟所有人都有关系，研究起来比较复杂，所以不如研究臭臭。"小海越讲越起劲儿，周围聚过来的人也越来越多，"臭臭来的时候拿的大珍珠是假的，所以相当于空手而来，走的时候带走一个值 7 颗小珍珠的指甲刀，还有 3 颗小珍珠，也就是臭臭一共赚了 10 颗小珍珠。"

"所以我一共才赔了 10 颗？"掌柜瞪大了眼睛。

"是啊，只有 10 颗。"小海点点头，然后从口袋里拿出一颗大珍珠，"掌柜，臭臭的珍珠我来赔您吧。"

臭臭转过头看着好朋友，说不出的感动。

掌柜的接过大珍珠，也就没再多说什么了。

扫一扫　听微课

第二集

信心水晶的能量失衡

　　离开了这个是非之地，小海赶忙关切地问起臭臭来："臭臭，你怎么会在这里呢？"

　　臭臭下意识地看了一下周围，悄声说："**我是来偷信心水晶的。**"

　　"信心水晶？"小海一惊，**这是之前复制 13 版人必需的原材料，**怎么臭臭也知道复制计划？"是谁让你来偷的？"

　　"**是海星大王。**"臭臭答道。

　　"父王？"小海一惊，没想到父亲的复制计划有这么多

人参与，"听我说，我的好朋友，不要偷信心水晶了，不要再复制 B 版人。你快看看周围这些可怜的 B 版虾兵吧，无根无家，自怜自艾的。"

"他们这么萎靡不振，就是因为**信心水晶能量失衡了呀，你不知道吗？**"臭臭之前在水母庄园系统地学习过信心水晶的相关知识。

"是吗？"小海一边问，一边心下暗暗揣度，**"那我们一起去找信心水晶吧。"**

臭臭早就摸清楚了信心水晶的位置，带着小海三拐两拐就来到了王国中心的一处密室。

密室中央挂着一块巨大的水晶石，透着淡淡的微光，下面有**两个装着不同颜色液体的水晶杯。**

臭臭走上前去，认真盯着两个水晶杯看了半天，倒吸一口凉气："怎么这么彻底啊？"

"什么意思？"小海并没有了解过信心水晶，有点儿摸不清头绪。

"这两个杯子就是信心水晶的能量杯，红色液体代表情感能量，蓝色液体代表理智能量。一般来说，一块正常的信心水晶应该是两种能量混合在一起的，可是你看这块水晶的能量杯，红色的纯粹就是红色的，蓝色的也就只有蓝

色，分离得这么彻底，所以这些虾兵才会如此萎靡不振。**因为他们情感和理智分得太开，精神被负面情绪占据了。"**

看来臭臭确实做过一番研究。

"那怎么办呢？"小海着急地问道。

"管他的，我们是来偷水晶的。"臭臭想起自己的任务。

小海低下头，觉得这些虾兵的所有不振都与自己相关，想做些什么来弥补他们。但眼下最重要的是，**如让臭臭把**

水晶偷走，那这些虾兵的状态不就更糟糕了么！

"哎？臭臭，"小海心生一计，"你刚才是说虾兵们的萎靡不振是因为能量失衡，那如果我们把两个水晶杯的能量调平衡，他们就会好起来吗？"

"是啊！"头脑简单的臭臭一点儿也没多想。

"怎么样算是平衡呢？"小海问道。

"情感中的理智程度与理智中的情感程度一样多，就可以了。"臭臭见小海没明白，又补充道，**"就是两个杯子都需要是混合溶液，但红色液体中的蓝色液体要与蓝色液体中的红色液体一样多。"**

"这么复杂啊。"小海故意摆出一副不以为然的样子，想多套臭臭一些话，"我才不信这么神奇！再说，这两个杯子都盛满了液体，你怎么才能调整他们的平衡呢？"

臭臭皱起眉头来，陷入思考："方法倒是有，我也只是在书上见过，只是不知道灵不灵。"

"书上怎么说？"小海赶紧追问。

"书上说——**一汤匙，匀之，还。**"臭臭努力回忆道。

"'一汤匙，匀之，还。'什么意思？"小海没明白，"再说哪里有汤匙？"

"不懂。"臭臭摸摸头。

"我猜不一定是汤匙，什么容器都可以吧。"小海开始

四处搜寻，"呀，这里有个小铁盒，可以当作容器吧。"

小海拿着小铁盒来到两个水晶杯前。

"第一个步骤是'一汤匙'，那就是先从一杯里面盛出来一些吧。" 小海尝试着把红色液体倒满小铁盒。

"那'匀之'是什么意思呢？"臭臭不明状况。

"应该是再倒入一些**蓝色液体搅匀吧**。"大胆的小海果断地将小铁盒中的液体倒入蓝色水晶杯中，还好没有溢出来。

"用这个要搅匀吧。"臭臭不知从哪里找来一根木棍。

小海小心地把木棍表面的灰尘擦干净，轻轻插进蓝色水晶杯，搅拌起来，很快这蓝色水晶杯就泛出一丝红紫色。

"'还'的意思应该就是再从蓝色水晶杯中倒一些放回红色水晶杯吧。"小海猜测着。

"这个简单，还用那个小铁盒就行。" 臭臭伸手去拿小铁盒。

"不用那么麻烦。"只见小海二话没说，**举起蓝色水晶杯，小心地向红色水晶杯倾斜，将混合液体缓缓倒进去，直到液面回到它原来的位置。**

"你看原来这红色水晶杯的液体就是到这个位置，有留痕的，所以再倒回这个位置就说明是倒回了一个小铁盒的容量。"小海向臭臭解释道，"再把这个也搅匀吧。"

小海刚要把木棍插入红色水晶杯，臭臭却突然反应了过来，"哎？小海，我们为什么要把它们匀好呢？我们是来偷信心水晶的！"

还没等小海反应什么，大门就被打开了，**一群 B 版虾兵冲了进来。**

"哎呀，谢谢海公子了。我就说这次海公子是来解救我们的！"一个为首的 B 版虾兵热情地走了上来。

原来，这信心水晶的能量失衡让他们陷入了长时间的自我矛盾中，要么就是毫无理智地自我厌恶、萎靡不振，要么就是清楚知道 B 版虾兵的缺陷，从而充满愤怒地自我放弃。这次信心水晶的能量重新平衡，他们一下子想明白了很多事情，也回忆起信心水晶的功能，这不就直奔这里来了。

"哎呀，哎呀，这可怎么是好。"所有的虾兵都那么友好，一下子让臭臭也慌了阵脚，受宠若惊，都快要忘记自己的任务了。

"哇，这就是我们的信心水晶能量杯吗？"另一个 B 版虾兵凑到水晶杯前，"据说红色的代表情感，蓝色的代表理智，你们是怎么把它们重新混在一起的？"

小海看到大家这么捧他，心里很得意，就把整个混合过程解释了一遍："一开始这两个杯子确实是非常纯粹的

液体，蓝色是蓝色，红色是红色，我就用一个小铁盒盛满
红色液体，倒入蓝色，搅匀后又把一铁盒的混合液体倒回
到红色水晶杯。"

"哎？那……两个杯子的配比是不是不太对？"之前
那个兴奋的虾兵突然陷入思考，"是不是红色杯中的蓝色
液体比蓝色杯中的红色液体要多啊？那我们可就会陷入另
一种混乱啦！"

他一说完，虾兵们就七嘴八舌议论起来："是啊，这
个杯中的另一种液体必须是一样多才行啊！"

"是一样多的！你们放心！"臭臭一看着急了，这可是
他从书上看来的方法。

"怎么会呢？你从红色到蓝色是纯粹的红色液体，倒回
来可是混合液体，怎么可能一样多，肯定红色的少了！"
为首的虾兵振振有词。

"那你觉得少在哪里了呢？"小海本来要做好事，反而
被埋怨，心里很不爽，"难道被你喝了吗？"

B版虾兵们没领情，继续议论着，有人开始想要重新
调两个杯子的液体，却不知从哪里下手。

"别动！"小海赶紧制止，"现在两个杯子中的另一种
液体就是一样多的！你们别乱动！我解释给你们听！"

所有人都安静了下来，目光都聚焦到小海身上。

"过程太复杂，细节太多，我们先忽略过程，来看整体。"小海不紧不慢地娓娓道来，"一开始这两个杯子是一样多的液体，对吧？"

周围几个虾兵听得认真，点了点头。

"最后这两个杯子也是一样多的液体，对吧？"小海接着问。

虾兵们继续跟着点头。

"整个过程中并没有液体流失，也没有新的液体进来，"小海接着解释，"我们可以先看红色水晶杯，里面有一部分红色液体和一部分蓝色液体对吗？红色是原有的，蓝色是从哪里来的？"

"当然是蓝色杯子里来的咯！"其中一个虾兵抢着答道。

"是的，那蓝色杯子里原来盛这一部分蓝色液体的空间现在盛的是什么？"这段话有点儿长，小海故意停顿了一下。

"盛的是红色液体啊，是从这个红色水晶杯倒过去的。"刚才抢答的虾兵接着回答，继而一副恍然大悟的表情，"哦！我明白了！"

"是啊，你说得对，所以这杯的蓝色液体和那杯的红

色液体是一样多啊！否则液体去哪里了呢？"小海见虾兵理解了这个过程，也很得意。

"**所以整体是守恒的。**"另一个虾兵也在一旁接茬。

"虾兵们变得好聪明啊……"臭臭没怎么弄明白，一边皱眉头一边小声咕哝道。

小海听到了臭臭的话，回头认真地对他说："是啊，**他们并没有父王说的那么低等对吧？他们也并不是为我们工作的机器，我们不该复制他们的。**"

臭臭抬起头来，若有所思。

"**真是我的好儿子啊！**"突然不知从哪里传来了海星大王的声音。

"哪里的声音？"虾兵们也纷纷寻找起来。

"在那儿！"臭臭率先发现信心水晶上竟出现了海星大王的影子。

海星大王怎么会出现在这儿？！

扫一扫 听微课

海星大王的复制规则

海星大王为什么会出现在信心水晶上呢？

我们得倒回去这小半天，回水母庄园重新讲起。

"大王，"水母怪匆匆忙忙从外面回来，走到正在看地图的海星大王面前，低声说："不好了，海公子……"

"恩？小海怎么了？"海星大王放下手中的地图。

"他把小岛上的 B 版虾兵给解散了。"水母怪有些着急。

"他怎么会把 B 版虾兵解散呢？之前不是做得好好的吗？"大王一愣。

"哎，这是我大意了，害得海公子差点儿……"水母怪为没有及时发现假小海而深深愧疚。

"别着急，你慢点说。"大王往后一撤步，反而坐下了。

"这是刚才一个从那边回来的侦探兵报告的，说之前海公子不知为什么复制了一个自己，结果这个假小海反过来把海公子给关了起来。后来好像是海公子的朋友救了他出来。"水母怪啰啰嗦嗦地絮叨了半天，"……没想到海公子出来以后竟然把 B 版虾兵都解散了。"

"什么？怎么乱七八糟的？"大王摇了摇头，"这个死小子现在在哪儿呢？把他叫来给我解释清楚！"

"这个……"水母怪有些踟躇，**"海公子不见了。"**

"不见了？！"这下海星大王终于着急了，猛地站了起来。

"大王，我已经派很多人在打探公子的消息了。"水母怪往后退了一步，低下头。

"大王！"这时突然一只虾兵气喘吁吁地从门外奔过来，**"不好了！您快去信心水晶池那边看看吧！"**

所有的 B 版虾兵都要依赖信心水晶的力量存活，自复制机器启动工作开始，在每个 B 版虾兵聚集地都会留存有

一块信心水晶，但这些信心水晶的数据都会汇总在信心水晶池，以便海星大王了解全局，进行整体控制。

在海星大王赶到水晶池边时，控制室已经在鸣警报声了，一群虾兵手忙脚乱地在房间里穿梭。

"大王，不知道为什么整个水晶池的能量开始失衡了。" 一个戴着眼镜的虾兵前来报告。

原来这些13版虾兵的能量总量是恒定的，这水晶池就是一直在维持各个区域的能量值相对均衡，可从今早开始，有一块水晶的能量值开始持续暴增，导致池中能量逐渐失衡。

"哪一块？"水母怪走上来查看情况。

眼镜虾兵指了指颜色有些过于明亮的一块区域："看，那里，应该就是之前海公子经营的那块区域。"

"快把蟹校长给我叫来！" 大王一声令下，几个小虾兵迅速退了出去，不一会儿蟹校长就赶来了。

"大王别担心，我先了解一下具体情况。"蟹校长先宽了宽大王的心，转身找来了水晶池的数据登记员。

"这是之前这里10个区域的能量水平值。" 数据登记员也是一只小虾兵，递上来一个账本，**"不过数据在变化，**

随着第10区的数据不断增长，其他9区的数据一直在下降。"

10区能量水平值登记本

1区	2区	3区	4区	5区	6区	7区	8区	9区	10区
15	16	14	17	15	20	10	13	14	16

"这些数据如果失衡会发生什么事情？"海星大王也过来一同查看了这些数据。

"如果某一区的能量值突破150，那这个水晶池就会爆炸，也就是说，**所有的13版虾兵可能都会变成植物人，没有了理智和情感。**"蟹校长解释道。

"那怎么行？！那谁为我们工作和战斗呢？！"海星大王急得汗都流了下来，眼看他苦苦经营了这么多年的事业就要毁于一旦。

"大王您先别急，我先算一下。"蟹校长倒是还算冷静，"我们假设最坏的情况，就是除了第10区，其他9区的能量值都变成0，然后算算第10区会不会突破150就好。"

"那就是把这些数字都加起来是吧？好多数……"水母

怪也凑上来帮忙。

"不必。"之前的数据登记员小心翼翼地接茬，"我算过他们的平均值，是15。"

"那就好办了！"蟹校长眼睛一转，笑了，"平均值若是15，那就可以把他们都看成15，那10个区就是150，所以如果其他9区都是0，第10区最多也就是150。"

"刚好在临界值会怎样？"大王并没有就此松一口气。

"这个……一切都可能发生。"蟹校长叹了一口气，"眼下就是要赶紧弄清楚数据飞涨的原因，这第10区到底发生了什么事情？"

"有什么办法可以看到他们那儿发生了什么吗？"海星大王走到水晶池前，紧紧盯住颜色越来越亮的那块信心水晶。

"哎，有了！我们可以通过影像泡泡信！"蟹校长果然是学院派，脑子里装了很多新鲜研究和发明。

很快，蟹校长就接通了信心水晶两端的影像，让海星大王看到了小海和臭臭的试验，这可把大王给气坏了。

"小海！你迅速给我滚回水母庄园来！回来我再跟你算

账！"暴跳如雷的海星大王给小海下了最后通牒，信心水晶上的人影便消失了。

而水晶的另一边，所有人都不说话了，空气仿佛凝固了一般，大家齐刷刷地望向小海。

"小海，要回水母庄园吗？"臭臭试探着问道。

"让我想想，让我一个人想想。"小海沮丧地走下台来，独自走了出去。

臭臭望着小海落寞的背影，没有跟上来。

扫一扫 听微课

第六篇

阁楼宝箱隐藏惊天秘密
时光大门重回历史现场

分组思考

人们总说"物以类聚，人以群分"，可见这看似纷繁复杂的世界中，其实自有逻辑。若能将事物分门别类各个击破，就能掌握化繁为简的本领。

你有没有见过那种善于处理复杂事务的人?

——博观始终,是非分明,总能看到事情的两面性。看事情特别清楚。

袜子都能分出四个大类八个小类。

为什么有的孩子事情一多就开始乱?

为什么有的孩子常张冠李戴?

为什么有的孩子总拎不清主次?

藏在阁楼上的秘密

小海一个人漫无目的地走着，他了解暴怒之下的父亲有多可怕，再说有一些事情他还没想明白，就不想立马回水母庄园，**不知不觉他竟走到了水晶宫附近。**

"小海？"一个熟悉的声音。

回头一看，是那只小章鱼，小海其实有点儿记不清她的名字。

"我是萌萌啊！"小章鱼很热情地走过来。

对的，她叫萌萌。有些落魄的小海对一切都打不起精神来，好心的萌萌就跟姑妈说情，把小海请进家，让他暂

住下来。

有一天，小海和萌萌在房间里玩，意外发现了一条隐藏的楼梯可以通向阁楼。

"你上去过吗？"小海问。

"没有，姑妈说上面就是些旧杂物。"萌萌一边回答一边回忆道，**"姑妈也叮嘱过不能上去。"**

小海眼一亮，微微一笑，低声说："想不想上去看看？"

萌萌仔细听了听姑妈那边的动静，像是已经睡午觉了，冲着小海点点头。两个人就蹑手蹑脚地爬上了楼梯，撬开了阁楼的小门。

"好多尘土，看来是很久没人上来了。"萌萌使劲儿挥了挥眼前的灰尘，"东西还真是不少，这么多箱子。"

"除了箱子，为什么还有这么多兵器呢？"小海发现在阁楼的一面墙上挂满了各种兵器，**"你家有人是军人吗？？"**

"没有啊，姑妈说我父母都是普通的小生意人，怎么会有军人？"萌萌从没见过她的父母，据说她一出生父母就先后去世了，姑妈也不愿意多讲其中的故事。

"那这些兵器是谁的呢？"小海摇摇头，随手又拿起一个水晶球，"竟然还有水晶球，这种东西很珍贵吧？"

"不清楚，我都没见过。"萌萌四下搜寻有价值的信息，"哎，你看这里有个宝箱，藏得很隐蔽，不知道里面有什么。"

小海从小在水母庄园长大，跟一位老管家学过开锁的诀窍，刚才阁楼的门就是他三下两下撬开的。所以这个宝箱自然也不在话下。

"《战略部署档案》？"萌萌发现宝箱里只有一个装饰精美的册子，小心翼翼地打开，只见瞬间这册子像长了翅膀似的腾空而起，从书页中缓缓升起了一个立体的光影。

"这是个正方体吗？"小海也惊呆了，"怎么会从书页中飞出？"

"上面有数字，我们能看到的这三面刚好是 1、2、3。"萌萌瞪大眼睛辨认道。

"我绕到后面看看。"小海绕到光影的背后，发现这只是一个单面的影子，并没有背面。

"什么意思呢？"萌萌有些害怕，往后退了一步。

小海胆子大，走到书页下面，一伸手刚好能碰到这书页，就轻轻把它拽了下来，探过头去看书页上写了什么。

"哦，原来这 123 是有所指代的。**1 代表我父亲海星大王，2 代表蟹校长，3 代表水母怪。**这是要做什么呢？"小海照着书页上的字自己理解着。

　　萌萌也凑过
来看，发现书页一旁有
一行小字："各自对战，各
个击破。"

　　"正方体是6面吧？"萌萌
自言自语道，"我们现在只能看到3
面，那另3面是什么呢？"

　　"这个本子叫《战略部署手册》，不会是要打他们吧？"
小海推测道，"我隐约听说过，我出生前曾经有一场非常
轰动的战争。"

　　"正方体6个面，刚好分为3组对面，如果按照'各

自对战'的说法，那我们看不见的 3 面应该就是要对付这 3 面的人。"萌萌分析道，"那另外 3 面分别是谁呢？"

"我们再翻下一页看看吧。"小海小心地扒拉着页脚，又翻了一页。

之前书页上面的正方体不见了，又出现了一个新的。

"呀，出现 4 和 6 了，那 5 呢？"萌萌惊喜地说。

"5 自然在 1 的对面压着呗。刚才第一个正方体，1 那个面与 2 和 3 都相邻，这个 1 与 4 和 6 都相邻。而 1 一共只有四个邻面和一个对面，就差 5 了。"小海解释道。

"那 5 代表谁呢？"萌萌迫不及待地又翻了一页。

这次没有正方体出现，却出现了一行字："1 号的作战对象是谁？"下面有 2、3、4、5、6 几个数字按钮。

"那应该是按'5'吧？"小海一边说，一边按了'5'。

接着'5'这个按钮就像纸牌一样被翻了过来，转过来竟是鱼国王的样子。

"鱼国王？"萌萌脱口而出。

"鱼国王是谁？"小海从小在水母庄园长大，并没有见过鱼国王，只是偶尔听到庄园里的人谈起他，都讳莫如深不肯深聊。

"鱼国王是现在这个海底世界的统治者啊，据说是十五年前海神亲自任命的。"萌萌也只是知道个大概，并不真切。

"那……他为什么要对战我的父亲呢？"小海不解。

"快再看看2和3对战的是谁吧！"萌萌赶紧翻回之前那一页。

"这个简单，对比一下之前这两个正方体影像就好。**第二个正方体就像是第一个正方体向后转了半圈，所以2对6，3对4。**不会有错。"小海的立体空间想象力确实比较好。

两个好朋友用同样的方法，翻到了询问2的作战对象那一页。

"2是代表蟹校长，他的对面是6，你按6。"萌萌总结信息，让小海按按钮。

只见"6"的按钮腰身一转，竟出现了一个章鱼的样子。

"姑妈？"小海脱口而出，确实与萌萌的姑妈有几分相像。

"**不，不是姑妈。**"萌萌的眼睛湿润了，"**这，可能是我母亲。**"

小海一愣，不知该说些什么。

"虽然姑妈不肯说我父母的故事，但他们的照片我还

是见过的，这应该是我母亲，可是她为什么会对战蟹校长呢？"越来越糊涂的萌萌十分着急，急于弄清事实真相，赶紧又翻到了下一页。

"3 代表水母怪，他的对面是 4。"小海自己分析道，按下的按钮一翻转，又是一个章鱼的样子。

萌萌的眼泪夺眶而出："**是我父亲！**"

"怎么会这样？"小海也被这突然出现的众多信息吓坏了，完全搞不清楚。

"这里面一定有问题。"擦干眼泪的萌萌抬起头来，"**我要弄清楚，小海，你愿不愿意陪我回过去看看？**"

"回过去？"小海也很想知道为什么他从小信赖的三个长辈竟是别人的作战对象。

"**海底魔法学院有一扇时光大门，可以穿越古今，我们一起回到十五年前看看吧，我要自己看清事实的真相。**"萌萌坚定地说。

扫一扫 听微课

第二集

父辈们的真实身份

这时，海底魔法学院正处假期，没什么人。

而萌萌之前与小鱼和泡泡一起去过时光大门，知道具体位置，轻车熟路带小海来到门前。

"可是我们怎么设定要回到那个时间呢？"萌萌回忆起上次似乎并没有做任何设定。

"在这儿！"敏锐的小海发现在大门边上有一个小暗箱，里面有几个时间转轮，可是并不是以年作单位，而是以"周"为周期，后面还跟着一个更为具体的转轮，要标注好是周几。

"周？一周是几天？"萌萌没听说过这种计时方法。

"这是一种很原始的计时方法，好像是7天。每周从周一开始，周二、周三……"小海听老管家说过。

"一直到周七对吗？"萌萌抢着说。

"呃，可能是吧。"小海记不真切了，"那也**就是说我们只能设定为回到多少个周之前，并且要说清楚是周几？**"

"那15年前……这是多少个周啊？"萌萌脑袋都要晕了。

"一年是365天，这个应该从古至今都是一样的，那就是看365中有几个7……"小海算数还是很不错的。

"365÷7=52……1，也就是说大概有52个周。"萌萌算得更快，"那15年的话，大概是将近800个周。"

"恩，我们也不用那么精确，就回到15年前就行，随便定个周几就好。"小海说着就走上前去扒拉这时间转盘，定位到800个周之前，设定了个周一。

"好了，我们进去吧。"萌萌长舒一口气，看上去还是有点儿紧张。

小海走近些，握住她的手，轻轻点点头，转身推开了门。

十五年前的水晶宫！

他们穿越的地点就在水晶宫旁边，来回经过的人都行色匆匆，不知在忙些什么。

　　"走，我们到宫殿里去看看。"小海低声对萌萌说。

　　宫殿里好多人！每个人都穿着战服，排队站好不知在等谁。这是要打仗吗？

　　不一会儿，大门口一阵骚动，一个威风凛凛的大将军走了进来。

　　"父亲……"萌萌一眼就认出了，瞬间红了眼眶。

　　"啊？**你父亲是……将军？**"小海一下子联想到之前在阁楼看到的兵器，一切都解释通了。

　　"你们是谁？为什么在这里？"一只小海兔突然出现在身后，觉得他们行踪可疑。

　　"呃……"萌萌回过头来，有些慌了神。

　　"梦夫人！"小海兔却眼睛一亮，**"您不是闭关了吗？怎么会在这里？您是来找将军的吗？"**

　　萌萌一愣，一下子就反应过来——**这小海兔可能是把她认作她母亲了。**

　　将计就计！

　　"恩，是啊，我来看看将军怎么样了。"萌萌马上站直身子，揣摩着母亲的语气。

　　"哦，他们马上就要出发了，据说海星大王的军队已经

快到了！"小海兔忧心忡忡地说，"我们真要抓紧时间了，不然要来不及了……"

"海星大王？"小海一惊。

"是啊，哎？你是一只海星？"小海兔也突然反应过来，后退了一步。

"哦哦，他是我们的朋友，不必害怕。"萌萌赶紧上来解围。

"哦，好吧，可是梦夫人，您这样出来真的可以吗？"小海兔还是很担心的样子。

萌萌小心地看了小海一眼，试探着答道："没关系，我知道分寸。"

"可是您昨天入关的时候还说不到 100 天绝不出来，让我们守好这 100 天呢。"小海兔着急地说，**"是不是试炼出了什么问题？"**

"试炼？"小海第一次听说这个名词。

"是啊！如果我们的试炼不成功，恐怕将军那边也难以为继，敌人太强大了。"小海兔刚说完，立马又捂上了嘴巴，好像意识到说多了。

"嗯，知道了，我去跟将军说句话就回去。"萌萌想先把小海兔打发走，再跟小海好好商量一下，"你先回去吧。"

"好吧。"小海兔信以为真，转身走了。

见小海兔走远了，萌萌赶紧拽着小海躲到了一个角落。

"我父王为什么会与他们打仗？到底发生了什么事情？"小海一头雾水。

"这个小海兔说的'试炼'似乎是非常关键的事情，好想知道是什么事情。"萌萌低下头，"而且，我很想见见母亲。"

小海悄悄往大厅看了一眼，那边将军已经在清点人数了。

"那我们要不直接穿越到 100 天后看看吧？"小海大胆提议。

经历了这么多事情，萌萌已经不再是那个遇事胆怯往后躲的小姑娘了，她认真想了想，点点头："好，我们走。"

两个人加快脚步，离开水晶宫，来到时光大门。

"这次得非常精确了，到底是穿越到几周以后呢？"萌萌望着时间转轮，皱起了眉头，"而且还得知道从今天开始算起，第 100 天是周几。"

"几周以后很简单，100÷7=14……2，大概是 14 周以后了，关键是周几。哎，主要得先知道今天是周几。"小海懊悔没有提前打听好。

"今天是周三！我刚才在水晶宫前的大钟上看到的！"萌萌很兴奋，"这下好了，我来数一数，今天周三，明天周四……"

"这样一天天数就麻烦了吧……100 天呢，得数到什么时候？"小海也犯了愁。

"先数数看嘛，周三、周四、周五、周六、周七、周一、周二、周三、周四……"萌萌扒拉着手指头，突然眼睛一亮，"哎？！是不是又转回来了？"

"对！**这日子就是在七天七天地重复！**"小海也明白了，"那前面这些七天七天一组的不用管，也就是说，有 14 组 3、4、5、6、7、1、2 过去了，还有两天，那就要重新从 3 开始，所以是周四！"

"**你确定吗？**"萌萌没怎么听明白。

"今天是周三，从今天开始算起的话，第一百天就相当于第二天，所以是周四。"小海又自己理了一遍，更加坚信自己的答案。

"嗯，好吧，信你。"萌萌半信半疑地走过去扒拉时光转轮，"14 周，周四。好了。"

小海看了一眼萌萌，走到大门前，刚要推门，被萌萌一把拉住了。

“小海，你准备好了吗？”萌萌意味深长地问道。

“准备好什么？”小海觉得萌萌有话要说。

“小海，我们是好朋友吧？”萌萌眼眶又湿润了，“不会因为父辈的恩怨而改变吧？”

小海心中一惊，是啊，之前没考虑过这个问题，**现在我们的父辈竟是敌人！**

小海想了想，拉住萌萌的手，动情地说：**“那是他们的事情，我们的友谊与别人无关。我们只是去弄清真相而已。”**

萌萌点点头，笑了。

两个好朋友合力推开了沉重的时光大门。

扫一扫　听微课

试炼精灵的终极配方

果然，一出门就遇到了一帮匆匆赶路的人，每个人手里都举着一个小小的瓶子，小海忙拦住其中一只小螃蟹。

"你们这是去哪里啊？"小海问。

"**去迎接梦夫人啊，今天是她出关的日子，你们也要来吗？**"小螃蟹根本没停下脚步，没等小海回答就已经走开了。

"看来我们跟着他们走就行了。"小海回头对萌萌说。

萌萌点点头，两个人快走几步，跟上了队伍。

他们跟着队伍一直走进了水晶宫的深处，穿过了好几重门，终于来到了一个烟雾缭绕的宫殿前，大家都停下了脚步。

"小海，你看那个是不是之前的那只小海兔？"萌萌一眼就看见了小海兔，他正在大门口张望呢。

"是！"小海确定，**"萌萌你先藏好，我过去看能不能混进去，你出去怕是还会让他误会。"**

萌萌想了想："也行，那你小心啊。"

小海深吸一口气，点点头，转身向小海兔走去。

"你好啊，还记得我吗？"小海开始套近乎。

"你……哦！记得！您是梦夫人的朋友。"小海兔想起来了。

小海松了一口气，刚才还担心穿帮呢。

"嗯，梦夫人让我今天过来，到殿前等她，我能进去吗？"小海壮着胆子请求道。

小海兔迟疑了一下，咬了咬嘴唇："嗯……我倒是可以带你进去，但是……**我这儿暂时还走不了，在等我师姐来帮我忙呢。**"

"什么忙？或许我能帮上。"小海怕耽误时间。

"嗯……你是梦夫人的朋友，应该也懂一点儿试炼之术吧？"小海兔可能也是有些等不及。

"嗯！是啊！"小海就是这么大胆，什么都敢应承。

"那你跟我来。"小海兔拽着小海就往一边走。

萌萌在暗处看得着急，见小海跟着小海兔走了更是迷惑，只好远远跟着，不敢靠前。

原来这小海兔也是梦夫人的助手，正在帮她做其中一个枝节的试炼，等梦夫人出关可是要来查看的。可迷糊的小海兔把试炼配方给弄丢了，只隐约记得个大概，正想让师姐来救急呢。

小海兔拉着小海来到了一个小偏房，进来一看竟是个发散型的试炼池，一共有七个小试炼池组成。

"哦！这个我记得！我在梦夫人那里见过！"小海哪里懂什么试炼，只好硬着头皮跟小海兔套话，"你有哪里不明白？"

"哎，我就隐约记得说要**每条线上的溶剂总量相同**，但其他完全不记得了。"小海兔苦恼极了，走到旁边的素材架前，指着架子上的瓶子说，"**喏，有七种不同的溶剂，可能性也太多了。**"

"每条线上的溶剂总量相同？"小海试探着问，"那这七种溶剂分别是多少容量呢？"

"**就是 1、2、3、4、5、6、7，**"小海兔把七个瓶

子排着数了一遍，"这七个瓶子里的容量刚好是连续七个数，也刚好是赤、橙、黄、绿、青、蓝、紫的颜色。"

小海想起来，刚出门时看到的那些人手里都举着这种瓶子，原来是试炼用的溶剂原料啊。

"这个简单，这里一共有三条线，每条线都经过中间，

所以中间这个溶剂池最重要，先把它填上。"小海开始着手分析。

这时，门外一阵骚动，小海兔有些慌张。

"哎呀，不会是梦夫人出来了吧？不应该啊，时间还没到啊！"小海兔坐立不安，"这样吧，我出去看看。拜托了，您一定得在梦夫人发现前帮我搞定。"

见小海兔一脸哀求的表情，小海笑了："好啦，你先去看看，我帮你弄好就是了。"

小海兔见小海答应了，"耶"了一声，掉头就走，一溜烟儿不见了。

"出来吧！这里没人啦，我们一起来研究一下。"小海早就发现了门后的萌萌。

萌萌羞红了脸，溜溜达达走出来："啊，我还以为自己藏得很好呢。"

"快来帮我把这个试炼池弄好，我们好跟着小海兔进宫殿去看看。"小海走到素材架前，拿起溶剂瓶。

"刚才你说得非常对，就是要先搞清楚中间填什么。"萌萌也开始推理起来，**"每条线都要一样多，也就是说，除去中间这个数外，其他六个数需要能够两两分组，填到这中间数的两边，就像挑扁担一样。"**

　　"对，而且这每一组的和应是一样的，才能保证每条线上三个数加起来的和一样。"小海听明白了，"那我们排着试试看呗！"

　　"如果中间数是 1，那么 2、3、4、5、6、7 刚好分成 3 组，2 和 7、3 和 6、4 和 5，每组都是 9，那每条线上三个数的和就都是 10 了。这个是可以的。"萌萌也像开了窍，一下子算得很明白。

　　"如果中间数是 2，那么 1 和 7 一组，两数和是 8，而剩下的 3 和 6、4 和 5 这两组总和是 9，和就不一样了。"小海接着分析，"同样，中间数是 3、5、6，似乎都不可以。"

　　"这很像挑扁担嘛！"萌萌对自己刚才的比喻很满意，"中间数是这几个的话，就不平衡了。你看，这七个数中去掉 1 或者 4 或者 7 后，剩下的六个数都可以是平衡的。"

　　"没错，就是开头、结尾和中间三个数是可以填在中间来保持平衡的。其他的都没法成功分组。"小海得出结论来。

　　"那我们就选一种试试吧。"萌萌拿起了一个 4 号试剂瓶，倒在了中间的溶剂池中。

　　接着两个人又分别把 1 和 7、2 和 6、3 和 5 三组试剂倒进了三条"扁担"的两边。

这时门却突然打开了。

"**你们快过来看！看跟你有多像！**"小海兔闯了进来，身后还跟着两个人——**竟然是小鱼和泡泡！**

小鱼和泡泡也一眼就看到了小海和萌萌，四个人都强忍住吃惊，交换了一下眼神，彼此都知道要先稳住这个小海兔。

"哎呀，梦夫人！"萌萌没来得及躲，还是让这小海兔看见了，"您……您出关啦？"

"我……"萌萌赶紧收拾起紧张的情绪，扳了扳身子。

"哎呀，您看到我的试炼结果了吗？我……我……"小海兔拿眼睛偷瞄小海，希望小海能给点儿暗示。

"哦哦！梦夫人，刚才小海兔已经把这试炼溶剂倒进去了，可能要待会儿才有反应。"小海忙给小海兔解围。

"**对了！梦夫人，您看这位朋友，是不是跟我们正在试炼的精灵特别像？就是大了些，像是长大了！**"小海兔突然拉起泡泡，推到萌萌面前，吓得萌萌往后一退。

"这……"萌萌一下子不知如何应对。

"咦？梦夫人啊，这一百天不见感觉您跟以前不太一样了啊……"小海兔又走近了萌萌几步，突然像意识到了什么。

说时迟那时快，只见小海从旁边捡起几个试剂瓶，猛地往小海兔脑袋上一击，小海兔应声倒地。

"小海！你……"善良的萌萌被吓坏了。

泡泡过去查看了一下小海兔的脑袋，抬头说道："没事儿，他只是晕倒了而已，我们快先离开这儿。"

"你们怎么会出现在这儿？"萌萌完全没有搞清楚状况。

"先出去，我们待会儿再解释。"小鱼一手拉起萌萌，另一手拽着小海，向门口跑去。

扫一扫　听微课

第七篇

时间倒流寻找历史真相
黑白两面难辨善恶是非

逻辑思考

　　人要讲求逻辑，凡事问缘由，不盲听不盲从。这是一个信息爆炸的时代，许多人有意无意地想要左右你的想法和判断，要保持清醒，善于思考。

你有没有见过那种不轻易随大流的人？

——做任何事情都有根有据，不会随便给结论或者下判断，总有自己独立的思考。

特立而独行。

为什么有的孩子容易受他人影响？

为什么有的孩子题目一转弯就不会做？

为什么有的孩子总是说不清楚前因后果？

意义深远的海底决斗

小鱼和泡泡为什么会出现在这里呢？这还要从头说起。之前小海来到萌萌家暂住的事情，小鱼和泡泡是并不知情的。这不，这一天两个好朋友就过来找萌萌玩了。

"什么？小海住在这儿？"小鱼吃惊地望着萌萌的姑妈。

"哎，是啊，可是他们已经失踪了好几天了。"姑妈很着急，"一开始我以为他们是出去玩了，没在意，可是这都好多天了……"

"他们走之前什么都没说？"泡泡觉得这不像萌萌的风

格，她一直很乖的。

"什么都不说。不过……"姑妈迟疑了一下。

"不过什么？"泡泡敏感地追问道。

"他们似乎去过阁楼，翻出来很多旧物……"姑妈声音弱了下去。

"阁楼？能带我们去看看吗？"小鱼往前走了一步。

见姑妈面有难色，泡泡就意识到这里面可能藏着什么秘密，赶紧添油加醋地说："哎呀，姑妈您知道最近外面一直吵吵着要打仗呢，说谁谁在抓壮丁……万一萌萌和小海被抓去可怎么办？您就快带我们去看看吧！"

姑妈"啊"了一声，低下头琢磨了片刻，便无奈地摇摇头，带着小鱼和泡泡来到了阁楼。

果然，许多盒子罐子都被打开了，一些旧照片乱七八糟地躺在地上，小鱼随手捡起一张来看。

"咦，这是小海和萌萌吗？"小鱼招呼泡泡过来看，"不太像啊。"

"这不是萌萌，这是她母亲。"姑妈一边解释一边从小鱼手中接过照片，眼圈竟红了。

"那她为什么会跟……小海在一起呢？"小鱼还没弄明白。

"这应该是小海的父亲吧？是……海星大王对吗？"泡泡开始把之前发生的事情慢慢串起来，觉得这事情不简单，**"姑妈，上一代人到底发生了什么事情？您能跟我们说说吗？"**

"这个……"姑妈又犹豫了。

"萌萌的失踪可能与这有关呢！"小鱼也着急了。

"好吧。这么多年了，我一直都没告诉过萌萌，眼下我真不知道怎么办好了，就说一说吧。"姑妈退到后面的椅子上，坐了下来。**"你们知道十五年前这海底曾经历过一场圣战吗？就是海星大王意图推翻鱼国王的统治，在蟹校长和水母怪的帮助下差点儿攻入水晶宫。其实这圣战本不该发生的……"**

据萌萌的姑妈说，十五年前的海底世界安静又祥和，并没有唯一的统治者，只有从未现过真身的海神在暗中维持着海底的秩序，鱼国王、海星大王、蟹校长和水母怪四位各司其职，鱼国王那时主要负责海底的日常行政事务，海星大王负责公共安全，蟹校长负责教育和科研，水母怪负责农业发展，大家是一同治理这海底的。可是有一天，海神突然说要离开海底，计划从他们四个中选出一个统治者代行其事，最后不知怎么他们吵了起来，就成了一场海

底决斗，结果鱼国王胜出。后来海星大王就联合蟹校长和水母怪意图推翻鱼国王，掀起了一场旷日持久的圣战。萌萌的父亲母亲都是在这场圣战中去世的。

"海底决斗？"小鱼第一次听说这个名词，"怎样的海底决斗？"

姑妈叹了口气，说："这是众目睽睽之下最公平的比武方式，可以使用魔法，可以使用武术，可以使用任何手段和方法，点到对方要害而胜，但不可伤人性命。具体来说是循环赛，就是每两个人都要比一场。"

"那海星大王应该比较占优势吧？他可是掌管公共安全的。"小鱼推测道，"不对，水母怪应该厉害，他的力气那么大，而且还会吐口水。"

"这不是重点啦！"泡泡无奈地看了小鱼一眼，接着问姑妈，"那当年决斗的情况是怎样的呢？"

"具体我也不是很清楚，我只去看了一小会儿就被我哥叫回家了，"姑妈努力回忆道，"只记得我去的时候啊，鱼国王已经比了三场了，水母怪比了两场，蟹校长刚比了一场，不知道海星大王比了几场。"

"这个很简单，可以推算出来啦！"小鱼听见数字逻辑就很有兴趣，"我父王已经比了三场，那就说明他已经完成比赛了，因为他一共就需要比三场；蟹校长比了一场，那就是跟我父王比的呗，他还没有跟水母怪比；而水母怪比了两场，其中一场是跟我父王比的，他又不能跟蟹校长比，所以另一场一定是跟海星大王比的。"

"所以海星大王此时已经跟鱼国王和水母怪都比过了，他已经比了两场了。"泡泡接腔。

"你们在说什么？乱七八糟的，我没听懂。"姑妈没转过弯来，紧紧皱着眉头。

"这样吧，我给你画一画。"泡泡最爱画画了，立马蹲

下在地上划拉起来。

"哦！明白了，画个图就清楚了，说话还得啰嗦那么久。"姑妈一下子明白了，继续回忆道，"我去的时候大家就在说，海星大王如果赢了水母怪海星大王就还有戏，否则肯定是鱼国王胜出了。"

"果然是！"他们的推理完全正确，但泡泡依然愁眉不展，"当年到底发生了什么事情呢？海星大王让小海在小岛上复制B版虾兵，到底是要做什么呢？"

"好想回到过去看看啊！" 小鱼嘟着嘴巴，突然灵光一现，**"哎，泡泡你记不记得，我们之前在海底魔法学院进过时光大门？说不定萌萌和小海也是去那边了呢！"**

"哦！"泡泡马上心领神会，"那……姑妈，我们就告辞了。"

还没等姑妈反应过来，两个好朋友就一溜烟儿跑掉了，他们实在太心急了。

扫一扫 听微课

海神密令的谜底

很快，小鱼和泡泡就摸到了时光大门前。

"咦？这门怎么开着？"泡泡眼尖，马上发现时光大门留了个缝儿，依稀能听到门内有声响。

"走，我猜是萌萌和小海没关严。"大胆的小鱼二话没说上去拉开了大门，走了进去。

一贯谨慎的泡泡也只好硬着头皮跟了上去，似乎总是这样。

小鱼和泡泡进入时光大门的时间确实与小海和萌萌是一样的，所以，出现在他们面前的也是一群群行色匆匆的

人，手里也都拿着奇怪的瓶子。

"他们这是着急干嘛呢？"小鱼左右看看也不知该问谁。

"小鱼，你在这儿等我一下，我看他们都往那边那个宫殿走呢，我从高处飞过去看看。" 泡泡可以飞到高处，速度比较快。

小鱼点点头，指了指旁边的花坛："行，那我就在那边等你。"

小鱼望着泡泡飞远了，就走到旁边的花坛坐下来，见有只小海兔也在花坛那儿坐着，就想探探消息。

"你好啊。"小鱼热情地打招呼。

"你好，咦？"小海兔眼睛一亮，"你是鱼国王的亲戚吗？怎么长得这么像？"

小鱼刚要否认，转念一想说不定能借此套上近乎，忙点了点头："是啊，我是鱼国王的……远方表弟。"

"哦！原来是国王大人的亲戚呀！"这小海兔马上客气起来。

"嗯，其实我是最近才到这边来的，都不是很清楚鱼国王是怎么成为海底之王的，你能跟我说说吗？" 小鱼倒是也不绕弯子，直接问道。

"这你都不知道？"小海兔眼中闪过了一丝怀疑。

"不就是举行了一场决斗吗？这么简单他就成为了海底之王吗？"小鱼赶紧回忆了一下之前萌萌姑妈讲的故事，大概搪塞了几句。

"哦，不能这么说。"小海兔不再怀疑了，**"鱼国王是真命天子，这是海神在离开前留下的密令。"**

"海神的密令？"小鱼没听明白，"不是决斗的结果？"

"哎，海神在离开前其实留下任命密令了，但是大家都对密令有自己的看法，没有达成共识，后来海星大王还把密令给撕了，这才决斗的。不过密令说得很清楚，就是鱼国王为真命天子，不知道他们为什么会有别的想法。"小海兔摇摇头，一副讳莫如深的样子。

"密令上写的什么你知道吗？"小鱼隐约觉得这就是问题的关键。

"这个我知道！你还真是问对人了！"小海兔很得意的样子，"因为海神从未现过真身，都是随机指派给一个人传递命令，当时就是指派我把这密令交给他们的，可能除了我都没几个人看过呢！我背给你听——**'命你四人为真命天子及左中右三大辅臣，知鱼和真命天子同日授命，怪可居中，蟹与左中辅臣齐心协力，共同辅佐真命天子。'"**

"这海神为什么不直截了当说清楚……"小鱼有点儿

被绕晕了。

"直接说清楚怎么显示出海神的厉害呢？"小海兔眨眨眼睛笑了，"不过在我看来已经足够清楚了，'鱼和真命天子同日授命'，说得还不够清楚吗？鱼国王就是真命天子呀！"

"是……吗？"小鱼总觉得哪里怪怪的，"我们是这样说话的吗？'鱼和真命天子'指的是同一个人吗？"

小海兔张了张嘴巴，眨了眨眼睛。

"对啊！我们平时不这么说话嘛！"小鱼反应过来了，"我不会说'小海兔和小海兔同一天出生'，对吧？"

小海兔没想出来怎么反驳。

"所以'鱼国王'和'真命天子'也不可能描述同一个人啊！"小鱼接着分析道，"所以鱼国王并不是真命天子。"

"哎呀，你可真敢说！"小海兔马上冲过来捂住小鱼的嘴巴，"这话可不能乱说的。"

"哦哦，我就是分析一下。"小鱼的声音马上低了三分，"那也就是说，'怪可居中'的意思是水母怪为中辅臣；'蟹与左中辅臣齐心协力，共同辅佐真命天子'这句话排除了蟹校长是左中辅臣和真命天子的可能性，那蟹校长就是右辅臣；如果鱼国王不是真命天子，那……"

"天啊!"小海兔也反应了过来,脸都变了色。

小鱼也倒吸一口凉气,闭上嘴巴不再分析了,但却在脑海中悄悄勾勒出了一个清清楚楚的表格,把自己吓了一跳。

	真命天子	左辅臣	中辅臣	右辅臣
鱼国王	✕		✕	✕
海星大王			✕	✕
蟹校长	✕	✕	✕	✓
水母怪	✕	✕	✓	✕

"因为是一一对应的关系,所以每行每列都要有一个√才对。"小鱼一边在脑海中勾勒一边思考着,**"所以真正的真命天子是……海星大王!那我父王就是……夺了海星大王的位置?!"**

这一切与小鱼原本所了解的世界太不同了。

而这时,泡泡回来了。

"小鱼?"泡泡见小海兔离小鱼这么近,猜他们可能刚在谈话,就下意识望了他一眼,点头示意。

小鱼还沉浸在刚才的震惊中，并没有回应泡泡。

"你？！"小海兔见到泡泡却反应剧烈，一个高儿蹦了起来，"你？！天啊！你是从哪里出来的？"

"我？"泡泡一头雾水，"我怎么了？"

"你……你快跟我来！跟我来！"小海兔非常激动，一把抓住了泡泡的翅膀，硬拽泡泡往远处走。

"哎，你放开我！"泡泡力气小，拗不过他，只好向小鱼求救，"小鱼！你在想什么呢？快帮我拉住他。"

小鱼这才回过神来，见小海兔硬拉着泡泡走，赶紧上前制止。

"你们听我说，你们一定要跟我去见我们的试炼池，天啊，梦夫人若见到你会非常惊讶的！"小海兔激动得手都有些颤抖了。

"为什么？梦夫人是谁？"小鱼似乎在哪里听过这个名字，却又记不真切。

"梦夫人你也不知道吗？哎！总之，**这个小精灵就是我们现在正在研究的唤醒魔法，我们所要唤醒的精灵就是你这个样子！**"小海兔太激动了，以至于话都说得颠三倒四的。

"不知道你在说什么，不过，我们跟你过去看看吧。"好奇的小鱼冲泡泡眨眨眼，就跟上了小海兔的步伐。

不一会儿，他们就来到了一个小偏房，你猜的没错，

小海和萌萌就在里面。

后面的故事你已经知道了，四个好朋友意外地在时光大门中见面了，惊讶之余小海击晕了小海兔，四个人迅速离开了这个是非之地，找了个没人的地方分享各自时光之旅的所见所闻。

"这么说，**事情可能并不是我们原本知道的那样？**"萌萌觉得后背发凉。

小海和小鱼默契地对视了一眼。

"你们想不想再回到当时看看？"单纯的萌萌并没有察觉到什么，也想不到那么远。

小鱼长叹一口气："好！我们回去看看！"

"小鱼，你要想好了。"泡泡心里已经猜到了事情的真相，怕小鱼会承受不住。

"**怕什么？**"一向大大咧咧的小鱼强挤出一个大大的笑容，一转身头也不回地向时光大门走去。

扫一扫 听微课

神奇的谎言鉴别仪

　　小海和萌萌已经非常熟悉时光大门的操作了，轻车熟路地对准了穿越时间，推开了时光大门。

　　"怎么街上都没什么人？"萌萌见空荡荡的大街，心里有点儿害怕，往小海这边靠了靠。

　　这时一只小螃蟹歪歪扭扭地路过，立马被泡泡拦下了。

　　"请问大家都去哪里了？"泡泡问。

　　"当然是去水晶宫广场了呀！今天海神留了密令就离开了，所有的人都去那边等着破解呢。"小螃蟹说，"我就是走得慢，不然早过去了。"

四个好朋友道了谢，就迅速往水晶宫广场那边赶去。

当他们赶到的时候，**海星大王和鱼国王正在广场中间争吵，蟹校长和水母怪也在一旁。**

"怎么了这是？"泡泡向一个围观的小虾问道。

"我也不知道，这密令公布以后四个人就一直在吵，刚才突然说要到宫殿里商议，结果出来以后密令就被撕坏了，**四个人都在互相指责，也不知道是谁撕的。**"小虾悄悄说道。

这时人群中走出了一个熟悉的身影，小海眼睛一亮：

"老管家！"

"就是之前教你开锁还有时光大门时间算法的老管家？原来他也是只虾。"萌萌记得小海提起过这个人。

小海点点头："不过他现在年轻多了，但我记得他走路的样子。"

只见这"老管家"径直走上广场中央的高台上，制止了四个人的争吵。

"四位大人你们好，若要弄清楚是谁说谎很简单，**我原本是海神的仆人，海神有一台谎言鉴别仪就在这水晶宫里，我可以拿来给大家证明真相。**""老管家"不慌不忙地说道。

"好！"海星大王第一个同意，"我派人随你去拿来。"

"那不行，为什么要你派人？我还说要派我的人呢！"鱼国王跳出来反对。

小鱼在台下看得脸羞红了一阵，也觉得父王实在太计较。

"好啊，无所谓啊，就让你的人去拿就是了。"海星大王倒是摆出一副无所谓的样子。

于是，**鱼国王就派了个亲信随"老管家"进了水晶宫。**

不一会儿，谎言鉴别仪就取来了，是一台并不大的机器，四四方方的机身上竖着一个收音器。

"你们每个人就把自己确定的信息说给它听就好。""老管家"退了一步，"你们谁先来？"

蟹校长见没人主动，就走上前去靠近收音器："我第一个吧，我要说的很简单，**是鱼国王撕的海神密令。**"

台下一片哗然，"老管家"向台下示意安静，全场很快就静了下来。

鱼国王狠狠地瞪了蟹校长一眼，走上前去：**"并不是我，是水母怪撕的。"**

水母怪一听急了，赶紧走上前去，一把抢过收音器说：**"鱼国王说的不是实话！"**

　　这时，"老管家"望向最后一个发言的海星大王："该你了。"

　　海星大王摇摇头说："我真的没看见，没什么好说的。"

　　公正的"老管家"并没有放弃："那你也得过来说一句。"

海星大王想了想，无奈地走上前去说："**反正不是我撕的。**"

"老管家"见四个人都说完了，就按下了一个按钮，操作了一会儿，这谎言鉴别仪就"说话"了："**只有一人说的是实话。**"

全场再次陷入一片混乱。

只见台上四个人也面面相觑，一时不知该说什么好。这时鱼国王走上台前，示意大家静下来。

"**事情已经很清楚了。**"鱼国王底气十足，"如果只有一个人说的是实话，那我们已经可以轻松判断出来到底是谁撕的密令了。"

"**是谁？**"台下有人大声问道，引起不少人跟着追问。

"刚才我们四个人的话是这样的——蟹校长说是我，我说是水母怪，水母怪说我说的是谎话，海星大王说不是他做的。这四句话里面最重要的就是水母怪这句话，他说我说的是谎话，也就是说，他跟我是完全矛盾的，所以我们两人的话中必然一真一假。也就是说，说实话的一定是我们两个中的一个。"

"那当然是我！"水母怪抢话。

鱼国王笑着摇摇头，眼神中别有深意。

"先不管我们两个谁真谁假，反正海星大王和蟹校长的肯定是假话了吧？海星大王说不是他撕的，这句话是假的，那也就是说……"鱼国王笑着望向海星大王。

"就是海星大王！"台下的观众瞬间反应过来了，一时间群情激奋，恨不得冲上台来声讨海星大王。

人群一阵骚动，要把小鱼他们挤散了，泡泡见势不妙，赶紧离开老远吆喝大家退出人群。

好不容易四个人都灰头土脸地从人群中挤出来，回头一看，鱼国王已被大家拥立为海底之王了，而海星大王、蟹校长和水母怪已不知所踪。

"事情怎么会是这样的？总觉得哪里有问题。"小鱼自言自语道。

"嗨！总之鱼国王确实是名正言顺地当了海底之王。"萌萌似乎也意识到了其中的奥妙，只是这话不知是说给谁听的。

"小鱼，你别多想。"泡泡一边劝小鱼别多想，自己脑袋瓜里却在飞速运转。

"我觉得我父王有点儿委屈。"小海终于忍不住把心里话说了出来，"这个谎言鉴别仪到底靠不靠得住啊！"

"小海，我也觉得这里是不对劲的，"经历了这一段时

光之旅的小鱼仿佛一下子长大了，**"如果谎言鉴别仪是错的，那我父王极有可能就是撕毁海神密令的人。我们一起去弄清真相吧！"**

小海抬起头来，没有说话，但两个好朋友的心却近了。

泡泡低下头，暗暗松了一口气。

扫一扫 听微课

第八篇

珊瑚战车显露战争本质
孰轻孰重掂量完美结局

发散思考

　　思维本就不该有边界。我们总说孩
子是最有想象力的，因为他们没有经验，
也就没有约束和限制。天马行空地思考
问题，就会拥有更广阔的世界观。

你有没有见过那种总有新点子的人？

——想象力和联想力丰富，创新意识强，总能看到别人看不到的那一面。江湖人称"点子王"。

问："他的脑子是怎么长的？"

为什么有的孩子总是规规矩矩处理事情？

为什么有的孩子不太能变通？

为什么有的孩子好像不太有灵气？

不能停止的珊瑚战车

四个好朋友决定勇敢面对真相，便从时光大门中回到现实中来，可是一开门，却看到一阵硝烟四起。

"这是怎么了？"萌萌被眼前的景象吓坏了。

"难道是两边开打了？"泡泡飞到前面路口左右张望，见一个小虾兵正抱着头飞奔过来，便急忙拦住他。

"哎呀，你们还在磨蹭什么？快逃难吧！坏人就要来了！"小虾兵着急地说道。

"谁是坏人？"小鱼和小海竟异口同声地喊出来，接着两人互相看了一眼，脑子里飞速转过许多念头。

"谁是坏人？你们怎么这么问？"小虾兵疑惑地问道，**"当然是海星大王了！他们无缘无故为什么要攻打我们？"**

"你怎么知道他是无缘无故呢？可能只是你不知道缘故而已。"小海替父王争辩了几句，又觉得跟他解释不清，就不再说话了。

"不管有没有缘故，我只知道，我一个平头老百姓现在没有家了！"小虾兵有些气恼，丢下这句话就匆忙跑掉了。

听完这句话，四个好朋友都陷入沉思。

"啊啊啊啊——"远远的一个近似崩溃的声音朝这边过来了，这一声凄厉的喊声把四个好朋友拉回到现实中来。

小鱼循声望去，咦？竟是一辆造型独特的战车。

"快！你们快把我拦下来！"这战车竟还在求救。

小海反应迅速，立马从旁边扯过一条长水草，丢给站在一边的小鱼："咱俩拉直水草，拦住他！"

小鱼马上明白过来，配合小海把长水草拉成一道"护栏"。果然这珊瑚战车就被挡在了路上，但**却依然保持原地奔跑的姿势。**

"你怎么还不停下来呢？"萌萌皱着眉头关切地问。

"我这个姿势停不下来啊，"战车苦恼地说，**"我被造出来的时候就注定用这个姿势奔跑一生。"**

大家仔细端详了一下这战车的造型，可不是嘛，就是一副狂奔的样子。

"这造车的人也太过分，为了让你保持奔跑状态，竟直接把你做成这般模样！"正义的小鱼又生气又心疼。

"还不是这战争的缘故，不知是鱼国王那边还是海星大王那边造出这样的车。"泡泡冷静地分析着，**"我们还是先想办法让他停下来歇歇吧？"**

"怎么能让他停下来呢？要改变他现在的构造？"小海与小鱼一直拉着水草，表示没法抽出手来。

"总不能卸掉他两条'腿'吧？"善良的萌萌不忍心。

"可以卸下来再安上嘛，"小鱼一手紧紧抓住水草，**"只要别安在现在的位置上，让这车换个姿势就好。"**

"让车换个姿势？"萌萌不解。

"萌萌你来，帮我抓住这水草。"小鱼想到了好办法，"如果抓不住，那泡泡你也来帮忙。"

萌萌和泡泡赶紧来到小鱼身边，小心翼翼地换到了小鱼的位置上。

"小鱼你真要卸掉他的'腿'？"小海见小鱼上去就抓住了战车下面的两根长条，"你打算把它们再安到哪里呢？"

"你不要把我弄成别的东西呀！**我是一辆珊瑚战车，我永远都是骄傲的珊瑚战车！**"这战车也有点儿急了。

"放心。"小鱼并没有把战车的四条"腿"都卸下来，只卸掉了中间两条，安到了身体上面。

"哎呀呀，这位壮士，都说了你别把我变模样，我还得是一辆珊瑚战车啊！这下我成什么怪物了？"战车一看模样大变着了急。

"是啊，小鱼，"萌萌也急了，"现在这是什么姿势呀！看战车都快站不住了！"

"**站不住就趴下呀！**"小鱼却大咧咧地笑了，"你们

就不能换个角度再来看它？"

大家都不说话了，认真端详起来。

"哦！"泡泡最先反应过来，"这战车不再是一个侧面图了，可以看作是一个……俯视图！"

"就是说……如果这是从上面看下来的样子……那他就是一辆'趴着'的战车！"小海也恍然大悟。

"是吗？我现在可以趴下来了？"战车虽然有点儿站不住，但还在坚持奔跑，他确实是一辆骄傲的战车，要不辱使命地战斗到底。

"是的！"一直心疼战车的萌萌也明白过来，"赶紧趴下来休息吧！"

"唔——"只见这战车慢慢停住了脚步，终于停下来趴到地上。

"哎，这战争真是太可怕了，"泡泡见战车停住，就松开了紧握水草的手，"那你到底是谁造出来的？是海星大王还是鱼国王？你给我们说说战争的情况吧。"

"嗨！"战车虽然趴着，但听起来情绪还是有点儿激动，"像我这样的战车成千上万，根本就不是哪一方造出来的，他们两边的战车都长我这样！"

"啊？"萌萌一听说所有的战车都在如此辛苦地奔跑，眼泪都要下来了。

"我们都不算什么，现在几乎举国都是战士，所有人都上了战场。据说，之前海星大王复制了许多 B 版虾兵，连逃出来的那群不完美国的人也没得逃了。"战车继续说着，激动又悲愤。

"那你这是要奔跑着去哪里呢？"小海问。

"水母怪让我去接老管家救急。"战车说，"不过，去了也没用，老管家根本就不想参与这场战争，我知道去了也得空手而回。"

"老管家？"四个好朋友异口同声，"他在哪里？**我们想去拜访他。**"

"恩？你们想去见他？"战车说，"很近了，就在前面一拐外有一个树洞，他就住在里面。"

"树洞？"萌萌又皱起了眉头，"为什么住在树洞里？"

"是的，就叫'**另一个树洞**'，树洞门口有指示牌的，你们过去就看得到。"战车的声音越来越轻，"你们去吧，我要好好睡一觉了。"

四个好朋友互相看了看，一句话都没说，默契地向"另一个树洞"的方向走去。

扫一扫 听微课

水晶球的反转真相

果然，这树洞前是有指示牌的。

"为什么叫'另一个树洞'呢？"萌萌不明白，"难道之前有'一个树洞'？"

小海被萌萌逗笑了："不一定，**谁也没规定一定要有'一个'才能有'另一个'啊！**"

小鱼也笑了笑，径直走上前去敲开了树洞的大门。

一个白胡子的老虾兵开了门。

"管家伯伯！"小海一眼就认出了，**这就是之前水母庄园的老管家，他教会了小海很多知识。**

"海公子？"老管家惊讶地看到面前这四个人，"你们怎么会在这里？"

"**管家伯伯，您认识我们？**"泡泡从没见过老管家，但这老管家却是一副老朋友的口气。

老管家叹了口气，侧了侧身，把门口让出一条路来："你们进来吧，**我想你们一定有很多问题要问。**"

小鱼点点头，毫不犹豫地第一个走了进去。

这小小的树洞中竟别有洞天，洞里的装饰都显得那么古老但有质感，空气都要安静几分，一关门就再也听不到外面战争的声音了。

"**你是小鱼吧？**"老管家第一个注意到小鱼，接着挨个确认，"**你是泡泡，你是……梦夫人和将军的女儿吧？**"

萌萌点点头："我想我是的。但我不确定。我有很多问题想请教您。"

"哈哈，"老管家笑了，"岁月太长，时间太少，你们想问的问题啊，**可能让这水晶球回答更好。**"

接着，老管家就从旁边箱子里拿出一个四四方方的水晶体，摆到了他们中间的桌上。

"水晶球？"萌萌问，"这不是球啊！"

"**谁说水晶球一定是球？他的名字就叫'水晶球'。**"

老管家一副不肯多说的样子。

"那……我们怎么问他问题呢？之前泡泡王国里的水晶球直接问就行。"泡泡绕水晶球转了一圈。

"你不需要问，他都知道你要问什么。**给你这把剑，你砍掉一块水晶，就可以从截面中看到一个答案。**"老管家又递过来一把古老又沉重的剑。

"砍掉一块？那这水晶球不就被破坏了吗？"萌萌最看不得美好的东西被破坏。

"哈哈哈，放心好了，**真正美好的东西是不会被外在的缺陷给破坏掉的。**"老管家笑了。

小鱼看了大家一眼，第一个走上前去接住宝剑："我来做第一个吧。"

说着，小鱼就斜着砍掉了正方体的一个角，现出一个三角形的截面。

"呀，这截面中有东西！"小海一眼看到截面中晃动的人影，凑了过去。

所有人都围了上去。

画面中是年轻的鱼国王，正在水晶宫一角跟一个手下耳语，而远远看到水晶宫外，似乎是海星大王、水母怪和蟹校长。

"这是……谎言鉴别仪那件事？"小海脱口而出，扭头望向老管家，"那鱼国王这是在……"

老管家别有深意地笑了，看了看小鱼："这原来是你最想问的问题，我的好孩子。"

"老管家，这件事情您在场，您应该是了解事情始末的。"小鱼诚恳地说道，"您能跟我说说吗？"

"唉，我的孩子，"老管家面露难色，"我曾经发誓过不提此事的，**我也是事后才发现那谎言鉴别仪被人做了手脚……**"

"果然……"小鱼向后踉跄了几步。

"那，我们还有其他的问题怎么办？"泡泡扶住小鱼，接着问道。

"**在短时间内，所砍截面不同，问题和答案就不同，**你们谁想问问题，重新切一刀就好。"老管家轻轻碰了碰刚被小鱼切下的角块，这角块竟腾空而起，重新附着在水晶球上，又成了完整的一个正方体。

四个好朋友都被眼前的神奇一幕惊呆了。

"那我来吧！"泡泡走上前去，"**除了切出三角形的截面，还能切出怎样的呢？**"

只见泡泡犹豫了一下，径直把正方体切成了两半，截

面自然就成了一个规规整整的正方形了。

　　"画面里好像是一个大溶剂池，"萌萌仔细辨认道，"上面倒挂着一个大大的水晶罩。"

　　大家看到有好多水汽升腾上去，渐渐凝结在一起，浑圆精致，变成了一个个——泡泡！

　　"泡泡？！怎么会变成这么多泡泡！"萌萌被吓到了，"颜色还都不一样呢！"

"不是泡泡，是小精灵，泡泡王国里全是这样的小精灵。"小鱼解释道，"原来泡泡就是梦夫人试炼的结果，怪不得那只小海兔见到泡泡会那么惊讶。不过很奇怪，除了泡泡王国，好像在别处都没怎么见过呢。"

"那是因为……"老管家突然开口了，又似乎意识到自己不该说，立刻住了嘴。

"因为什么？"泡泡敏锐地察觉到这里有故事。

"哎，精灵们之所以存在确实是当年梦夫人试炼的结果，因为圣战中鱼国王的军队节节败退，梦夫人为助将军一臂之力，就使用魔法唤醒了海底富有魔性的水泡，成为精灵。圣战之后，海神封锁了所有精灵的魔法，建立起泡泡王国，让所有小精灵只能在泡泡王国的区域里行动。"老管家说起这段往事一脸惆怅，"精灵们也是无辜的，但这些精灵的魔法实在太强大，会扰乱这海底的平衡。"

"可是，为什么我可以走出泡泡王国呢？"泡泡不解，其他三个人也目不转睛地望向老管家。

"因为……你的身份不同，你是有不同使命与责任的。"老管家接着说，"至于什么样的使命与责任，我就不能说了，天机不可泄露。"

"我知道，我是小鱼的守护精灵，"泡泡却接着说道，

"这个在我离开泡泡王国时就意识到了，父王让我一步不离地保护小鱼。"

老管家怔了一下，继而点点头，不再多做解释。

"我来吧！"萌萌也站了出来，"我来砍一刀。砍过了三角形、正方形……我若是砍成其他的四边形截面，看到的会是一样的吗？"

"其他四边形截面？"老管家好奇地问，"还有其他的砍法？"

"当然有！"萌萌一口气比画出来了好几种方法。

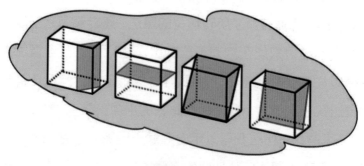

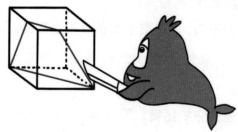

"其实还能砍出梯形来。"爱动脑筋的小鱼也用手比画出他的方案。

　　"其实底边若不接在两个角上，稍微偏一点儿也是梯形的，"泡泡总结道，"同样的道理，刚才小鱼砍三角形也是能砍出很多种方案来。"

　　"所以我就试着砍个五边形出来吧。"萌萌比画了一会儿，"好难，我在想，**这正方体一共有六个面，如果我砍一刀能砍到每一个面，那就是六边形了。**"

　　说着，萌萌就大胆地切了下去，果然砍出了一个六边形。

　　"啊！"萌萌往后退了两步，一下子瘫坐在椅子上，眼泪夺眶而出。

　　画面中竟是将军垂死抵抗虾兵围攻的一幕，却最终寡不敌众，牺牲了。而梦夫人赶到，用魔法驱退了围攻的虾兵，在混乱中清出一片净土，用尽了各种魔法想要让将军起死回生，但无力回天，最后绝望殉情。

这一段故事是片段式的闪回，树洞里的每一个人都屏住呼吸，每个人的眼眶都是湿润的。小海边看边紧紧握住萌萌的手，小鱼和泡泡也紧紧靠在萌萌身边。

"原来你父母是这样的英雄。" 泡泡的声音有些哽咽。

"原来我父母也是战争的牺牲品。" 萌萌一语道破，所有人都沉默了。

"好了，最后我也来砍一刀吧。"小海打破了沉默，站了出来，"三条边、四条边、六条边都可以砍出来，那五边形也一定可以的，就别占那么多面，往回收一收就好。"

小海左右比画了一会儿，用力一切，竟真切出了五边形的截面。

画面中，蟹校长和水母怪正搀扶着受伤的海星大王从硝烟中走出来，很简单的画面，再无其他。

"这是……"小海不解地望向老管家，希望他能给出具体的解释。

老管家叹了口气："唉，虽然鱼国王当年成功成为海

底之王，但经过海神密

令的谎言鉴别一

事，蟹校长和

水母怪都替海

星大王不平，

就或多或少地

加入了海星大

王的队伍。圣战后，海星大王失利，被水母怪收留到水母

庄园中，我也是那个时候进入水母庄园做的管家。"

"可是父王并没有对他们三个赶尽杀绝呀。" 小鱼还

想为父亲争回点儿什么。

"是啊，确实是鱼国王仁慈，或者是……良心发现吧。"

耿直的老管家也并没有刻意注重措辞，"战争后，蟹校长

和水母怪都不再从政倒是真的，蟹校长就专心开起了海底

魔法学院，水母怪就自得其乐做起了农场主。"

"可这都是表面的吧？" 敏锐的泡泡早就察觉到这背

后的秘密。

"是啊。说来惭愧，**我在水母庄园就做了一件让我至**

今很后悔的事情，那就是复制 13 版虾兵。" 老管家闭上了

眼睛，"虽然后来我离开了，但复制机器已经研发出来，

我也无法阻止了。"

"海星大王复制 B 版虾兵就是为了卷土重来是吗？所以水母怪全程参与了这次预谋已久的计划。"小鱼接着分析道。

老管家点点头："蟹校长主要借着海底魔法学院之名在研究时光门，你们应该也都领教过了。"

"蟹校长为什么要研制时光门呢？"萌萌问。

"因为，**他们一直想把真相展示给整个海底世界。**"老管家又长长地叹了一口气。

"**他们成功了。**"小鱼的目光像是看向了很远的地方。

又是一阵沉默。

扫一扫 听微课

第三集

可被选择的结局

"现在我们怎么办？"萌萌最先打破了沉默。

"我们出去看看吧，看事到如今还有没有可挽回的余地。"小鱼提议，但他心里却是十分不确定。

"我有个大胆的提议，"泡泡深呼一口气，"我们再回时光门，去改变这一切。从鱼国王处置海星大王他们的方法上就能看出来，你父王本质上是仁厚之人，当年那谎言鉴别仪之事就在一念之间，我们去改变他这一念之差就好。"

"真的可以吗？我觉得还是听小鱼的，出去看看吧，不

管战况如何，让我们一起勇敢面对就好。"小海觉得再回时光门又会面临更多的不确定性。

这时，却听见树洞外一阵窸窣声，接着是一阵慌乱的敲门声，老管家走过去开门，竟是臭臭。

"你们果然在这儿！"臭臭如释重负，"刚才遇到一辆珊瑚战车，他果然没骗我。"

"臭臭你怎么来了？外面战况如何？"小海一把抓住臭臭，赶紧询问外面的情况。

"哎，非常惨烈。"臭臭眼泪在眼眶中打转，"**可能马上就要决战了，鱼国王和海星大王已经约在今晚……**"

"什么？！"小鱼和小海异口同声道，他们知道这个消息对他们来说意味着什么。

"所以我们到底怎么办？"萌萌急得快要哭出来了。

现在我们面前有两个选择，**一是勇敢地走出去面对可能发生的一切，二是再闯时光大门回到过去改变历史。**

我的孩子们，你们要如何选择？

你要知道，**你做出的每个选择都是举足轻重的，不同的选择也将导向不同的结局。请谨慎。**

若你选择勇敢走出去面对，请继续阅读。

若你选择回去改变历史，请移步至下一章节。

结局一

"**那让我们一起走出去吧。**"小鱼向小海伸出手，小海紧紧握住，两个好朋友一起走出了树洞。

萌萌和泡泡对视一眼，也跟了上去。

这海底果然已经被血水染成了淡淡的红色，四周弥漫着一种腥臭味，萌萌用手捂住嘴巴。

"他们就在水晶宫外的广场上，我们快赶过去吧。"臭臭充当领队，"天黑前应该能赶到。"

五个好朋友手挽着手，一路所见满目疮痍，一片哀鸿。

终于在天黑时赶到了水晶宫前，只见鱼国王和海星大王都已身负重伤，两人还在顽强对峙。

"父亲！"小鱼和小海几乎是同时喊出了声，鱼国王和海星大王一愣神，同时被一股强大的力量弹开了。

小鱼和小海立刻奔向自己的父亲。

"小鱼……"鱼国王被最后这一股力量震得大伤元气，

气息已经十分微弱了，"这海底的和平维护以后可能就要交给你了，为父可能支撑不了多久了。"

"父亲，"小鱼哽咽了，"别说这话，我这就去喊魔法师来……"

"不必了，小鱼，"鱼国王清楚自己的身体状况，"你要答应我一件事，虽然海星大王是叛军，但情有可原，放过他们吧……"

"父王……"小鱼一边抹去眼角的泪水，一边说，"我就知道，我就知道您有一颗仁爱之心。"

"当年是我做错在先，他们如此怨恨我，我能理解，只是可惜这一战牺牲太多无辜的生灵了。"鱼国王老泪纵横。

海星大王也被最后的一掌击得奄奄一息，听到鱼国王的话，心里顿时也软了下来。

"父亲，您看您何必呢？"小海一手用力托住海星大王的身体，一手帮父亲拭去眼泪。

"唉，都是年轻时咽不下那口气，很多事情已经上路就很难回头了。"海星大王轻声说道，"儿子，父亲也做过许多错事，希望今后你不要犯我犯过的错误。"

说罢，海星大王和鱼国王远远地望向彼此，竟同时说出了最后三个字"对不起"，便都不再有声息。

这场旷日持久的战争就这样结束了。

"小鱼，你成为了新的海底之王。"泡泡走上前来，捧着鱼国王的权杖，"战后的海底有太多问题需要解决，你有信心接受挑战吗？"

小鱼却望向小海，坚定地问道："小海，我需要一个得力的助手，你愿意来帮我一同治理这海底世界吗？"

小海也望向小鱼，两个人默契地笑了。

结局二

　　"很好，这就是拿到海神密令的那天。"萌萌一出门就看到了远处水晶宫广场熙熙攘攘的人群。

　　"我们要赶紧找到小海兔，**海神的密令就在他手里。**"小鱼四处张望。

　　"在那儿！"眼尖的泡泡一眼就在人群中看到了小海兔。

　　四个人赶紧向小海兔跑去。

　　"嘿！你好，朋友！"泡泡一下子窜到小海兔面前，拦住了他的去路。

　　"你们要做什么？我可是有要事在身，不能耽误的。"小海兔一脸着急的样子。

　　"我们知道，你是要去拿海神的密令吧？"机灵的小海飞快地转动脑袋瓜。

　　"是的，你怎么知道的？"小海兔吓了一跳，**因为他可**

是海神的秘密使者，是海神昨晚亲自指派的。

"因为我也是。"小海确实花招很多，竟想出了这么个主意。

"是吗？你也是要一起去取密令的？"小海兔信了。

"不是，我是来通知你一件事。"小海边说边后退了几步，"现在人多嘴杂，你到水晶宫广场旁边的大树下等我一下，那边人少，我再跟你说。"

其实小海是还没想好要怎么说，只一门心思先拦住他。

小海兔信任地点点头，觉得有道理，就先走了，剩下四个好朋友也长舒一口气。

"我们要通知他什么呢？"四个人聚在一起，商量道。

"就告诉他密令的内容好了，那密令实在绕脑筋，万一大家像小海兔一样看不破其中的意义怎么办？"萌萌提议。

"我觉得，这里有一个问题。"小鱼一直觉得哪里不对劲，"我们现在是要改变历史对吗？"

"是的，改变历史后，你父王可能就不是海底之王了，海星大王才是。"泡泡帮小鱼理清楚，"所以你可要想好了。"

"这我倒不在意，因为本来就应该海星大王做海底之王，这是海神的旨意。"小鱼说道。

"那你在意什么呢？"小海也松了一口气，他也在担心

小鱼想不通。

"担心……泡泡。"小鱼犹豫着望向泡泡，一直担心的问题渐渐浮出水面。

所有人被一下子点醒了。**如果我们改变了历史，就不会有圣战，也就不会有梦夫人唤醒海底水泡，也就不会有泡泡王国，也就不会有泡泡。**

四个人沉默了。

过了好久，是泡泡先抬起头来，眼睛亮晶晶的："没关系，这是最有效的解决方法了，我们最初的存在就是为了和平，那现在为了和平，牺牲也是应该的。"

"不行！"爱哭的萌萌已经哭花了脸，"不可以牺牲泡泡！"

"代价太大，之前确实没想到。"小海也不同意。

"是的，我们还是回去吧，一定还有别的办法。"小鱼也激动地拉着泡泡想往回走。

"好啦，"泡泡却一把挣脱开小鱼的手，"你们别犹豫了，**这真的是最好的办法，可以避免两场血淋淋的战争。**"

"不行！"小鱼还不松口，又要上前来拉泡泡。

泡泡一转身，飞到了小鱼的左肩上："小鱼，我是你的守护精灵，我走了你就要自己好好照顾自己了。我们小

精灵就是来守护这海底世界的，你就放我走吧，这是我的使命和责任。"

说罢，泡泡就拉着小海飞向与小海兔约定的地点，小鱼和萌萌也只好跟了上去。

"小海兔，海神让我们来通知你，待会拿到密令一定要在广场上直接公之于众，大家现场讨论出这其中的含义。"泡泡飞到小海兔面前。

"你长得好奇怪啊！你也是神吗？"小海兔从来没见过小精灵，这让泡泡的话更有说服力了。

"是的，他是神，他就是海神之子。" 小鱼抢过话来坚定地说。

"是的！"小海和萌萌也有些激动地附和道。

小海兔见四个人如此激动，也跟着激动起来，觉得自己身上肩负起了神圣的使命。

接下来，**小海兔顺利地把密令公之于众，在众目睽睽之下解读了密令的真正含义，鱼国王也就没有了"一念之差"，顺其自然地推举海星大王成为了海底之王。**

"成功了，我们成功了。"萌萌亲眼目睹了发生的一切，有些兴奋地转过头来与大家分享。

小海有些感激地望向小鱼："小鱼，你的胸怀让我很

感动，感谢你能想通这一切，感谢你的选择。"

　　小鱼低下头，有些不好意思："**这没什么，很多事情本身就是超乎个人利益的，这个我懂。就像泡泡的牺牲。**"

　　"咦？泡泡呢？"萌萌突然意识到泡泡不见了。

　　"泡泡呢？"小海也四处张望起来。

　　"**我们改变历史的那一刻，泡泡就渐渐消失了。**"小鱼的眼泪从眼眶里滚出来，"**我都不敢看，只是感觉到……**"

　　"我以为……不会这么快……"萌萌也跟着哭了起来。

　　"好遗憾……"小海的眼眶也红了。

　　但生活还是要继续，打开时光大门，他们又将面临完全不同的人生挑战……

尾　声

所以**海神**大人，这故事的结局到底是什么？

海神说，谁说故事一定会有结局？不管是哪个结局，最初小鱼和小海会在陌生的大贝壳中醒来，都是我的安排……

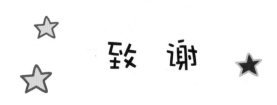

致　谢

　　感谢我的家人支持我辞职创业做我真正喜欢的事。

　　感谢我的黄金搭档王静（泡泡）陪我辞职陪我创业，共同孕育、抚养小鱼数学这个孩子。

　　感谢小鱼数学的小伙伴们如此信任和努力，陪伴这个孩子茁壮成长。我必须要点个名：纪萌芽（丫丫）、柴凤莲（柴柴）、贾琳（琳子）、李倩（小Q）、孙庆英（雯子）、林美言（木木）、孙友旭（大友）、李万里老师和嵇忠伟老师，也感谢我们的团队顾问夏青老师和孙赫老师。

　　感谢一路走来或默默或有声支持我们的朋友。

　　感谢这个越来越正规、越来越清醒的教育环境，能让专注做内容的我们站住脚，竖起旗帜来。

　　感谢有你。

小鱼老师

2017 年 5 月于青岛

图书在版编目（CIP）数据

小鱼魔法故事：儿童数学思维养成 / 于晓斐著 .
—青岛：中国海洋大学出版社，2017.6（2021.3重印）
ISBN 978-7-5670-1392-6

Ⅰ . ①小… Ⅱ . ①于… Ⅲ . ①数学－思维方法－
儿童读物 Ⅳ . ① 01-0

中国版本图书馆 CIP 数据核字（2017）第 109590 号

出版发行	中国海洋大学出版社
社　　址	青岛市香港东路 23 号　　邮政编码　266071
出 版 人	杨立敏
网　　址	http://www.ouc-press.com
电子信箱	2654799093@qq.com
订购电话	0532- 82032573（传真）
责任编辑	郭　利　乔　诚　　　电　话　0532－85902533
装帧设计	青岛艺非凡文化传播有限公司
插　　画	张柏钰
印　　制	青岛国彩印刷股份有限公司
版　　次	2017 年 7 月第 1 版
印　　次	2021 年 3 月第 2 次印刷
成品尺寸	148mm × 210mm
印　　张	6.5
字　　数	200 千
印　　数	1—7000
定　　价	38.00 元

Mothgic
小鱼数学

·小·鱼魔法故事·
儿童数学思维养成

练 习 册

小鱼数学教研组 / 著

学 校：＿＿＿＿＿＿＿

班 级：＿＿＿＿＿＿＿

姓 名：＿＿＿＿＿＿＿

中国海洋大学出版社
CHINA OCEAN UNIVERSITY PRESS

目 录

MU LU

第一篇

第一集

精灵小屋的款待——统筹安排

例题

泡水藻茶要做以下几件事：洗烧水壶要 1 分钟，烧开水要 8 分钟，洗茶壶茶杯要 1 分钟，拿水藻茶要 2 分钟，泡茶要 1 分钟。完成所有的事情最少需要多长时间呢？

思路：必须按顺序做的事情是洗烧水壶——烧开水——泡茶，在烧开水的过程中可以洗茶壶茶杯、拿水藻茶。

答案：1+8（1+2）+1=10 分钟。

练习

1. 娇弱的萌萌生病了，小海在家照顾萌萌，要做以下几件事情，你想想怎样合理安排比较快？做完所有事要用多长时间呢？

倒开水	1 分钟
等开水变温	6 分钟
找感冒药	1 分钟
量体温	5 分钟

思路：必须按顺序做的事情是倒开水——等开水变温，在等开
　　　水变温的过程中可以找感冒药、量体温。

答案：1+6（1+5）=7分钟。

2. 水晶宫里大宴宾客，鱼国王安排小鱼去厨房帮忙协调，小
鱼发现只有一个厨师在忙，而且效率低下，决定帮他重新规划
工作顺序。根据观察有以下几件事情要做，你能规划出一个最
合理且节省时间的方案吗？

洗锅	2分钟
洗米	2分钟
煮饭	35分钟
洗、切菜	20分钟
炒菜	15分钟

思路：必须按顺序做的事情是洗锅——洗米——煮饭，在煮饭
　　　的过程中可以洗菜、切菜，炒菜。

答案：2+2+35（20+15）=39分钟。

3. 小鱼、泡泡和萌萌在一起玩耍，泡泡上楼时不小心从楼梯
上滑落，摔伤了头，小鱼和萌萌急忙把泡泡送往医院，途经一
条小河，河边只有一条能同时乘坐两人的小船，由小鱼划船需
要2分钟，由萌萌划船需要3分钟，由受伤的泡泡划船则需要
5分钟。他们应该采用怎样的过河方式，使三人能尽快过河，

最短时间是多少？

思路：两个人坐船用的是划船人的时间，所以为使时间最短应
该一直让划船最快的小鱼划船，小鱼先送一个人到对岸，
自己划船回来，再带着剩下的人划船到对岸。

答案：2+2+2=6 分钟。

4. 四个小朋友在排队打水，跳跳、悠悠、乐乐、强强打水的
时间不同，分别是 2 分钟、5 分钟、6 分钟、8 分钟。现在只
有一个水龙头可以接水，请你帮他们设计一下，怎么安排才能
使他们总的等候时间最短，这个最短时间是多少？

思路：为使总的等候时间最短，应该让速度最快的人最先打水，
然后让第二快、第三快的人打水，速度最慢的人最后打水，
这样越小的数累加的次数越多，使得总和最小。

答案：2+2+2+2+5+5+5+6+6+8=43 分钟。

第二集

金三角大王的求救——数的拆分

 例题

把 7 个一模一样的能量球放进 3 个一模一样的树洞，有多少种放法呢？

思路：实际上是把 7 这个数拆分成三个数的和，注意重复的情况。

答案：7=1+1+5=1+2+4=1+3+3=2+2+3，一共 4 种。

练习

1.6 个一模一样的鸡蛋放进 3 个一模一样的筐里，有多少种放法呢？

思路：把 6 拆分成三个数的和，注意重复的情况。

答案：6=1+1+4=1+2+3=2+2+2，一共 3 种。

2.6 支不同的铅笔放进 3 个不同的铅笔盒，有多少种放法呢？

思路：把 6 拆分成三个数的和，因为铅笔盒不同，没有重复的
情况。

答案：6=1+1+4=1+2+3=1+3+2=1+4+1

=2+1+3=2+2+2=2+3+1

=3+1+2=3+2+1

=4+1+1

一共 10 种，规律是 4+3+2+1=10 种。

3. 把 4 颗珠子放在计数器上，可以组成多少个数？

思路：把 4 拆分成三个数的和，注意十位和个位可以是 0。

答案：103、112、121、130；

202、211、220；

301、310；

400

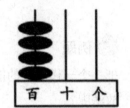

一共 4+3+2+1=10 个数。

4. 个位、十位、百位上的 3 个数字之和等于 12 的三位数共有多少个？

思路：先把 12 拆分成三个个位数的和，再排列成不同的三位数。

答案：12=0+3+9=0+4+8=0+5+7=0+6+6

=1+2+9=1+3+8=1+4+7=1+5+6

=2+2+8=2+3+7=2+4+6=2+5+5

=3+3+6=3+4+5

=4+4+4

0+3+9=0+4+8=0+5+7 组成的三位数各 4 个（0 不能是百位）；

1+2+9=1+3+8=1+4+7=1+5+6=2+3+7=2+4+6=3+4+5 组成的

三位数各 6 个；

2+2+8=2+5+5=3+3+6 组成的三位数各 3 个；

0+6+6 组成的三位数有 2 个；

4+4+4 组成的三位数有 1 个。

一共有 4×3+7×6+3×3+2+1=12+42+9+2+1=66 个三位数。

第三集

异度空间的弹力魔法——排列问题

 例题

小鱼、泡泡和小海三个人排顺序有多少种排法？

思路：有序枚举，可给三个人先编号再排序。

答案：记小鱼、泡泡、小海分别为 A、B、C，则有 ABC、ACB、BAC、BCA、CAB、CBA 共 6 种排法。

练习

1. 小鱼、萌萌、泡泡和小海要通过一个只容一人过去的窄桥，他们必须排个先后顺序，那么他们一共有多少种不同的排队方式呢？

思路：4 个人编号，再进行有序枚举，可直接应用乘法。

答案：记小鱼、萌萌、泡泡、小海分别为 A、B、C、D，则 A 开头有 ABCD、ABDC、ACBD、ACDB、ADBC、ADCB 共 6 种排队方式，B、C、D 开头也各有 6 种，一共有 6×4=24 种排队方式。

2. 自然数 12、135、1349 这些数有一个共同特点，相邻的两个数字中左边的数字小于右边的数字，我们取名为"上升数"。

用 5、6、7、8 四个数，可以组成多少个"上升数"？

思路：先将"上升数"分类，有两位数、三位数、四位数三类情况，
再分类进行枚举。

答案：两位数有 56、57、58、67、68、78 共 6 个；三位数有
567、568、578、678 共 4 个；四位数有 5678 共 1 个。一
共可组成 6+4+1=11 个"上升数"。

3. 用数字 1、2、3、4 组成各位数字都不相同的两位数，并按
从小到大的顺序排列，第十个数比第七个数大多少？

思路：先进行有序枚举，再找到对应的数做差。

答案：所有的两位数排列为 12、13、14、21、23、24、31、
32、34、41、42、43。第十个数是 41，第七个数是 31，
差为 41−31=10。

4. 唐僧师徒四人和蟹校长站成一排照相。但是，悟空、八戒
和沙僧都不愿意和蟹校长相邻，而且悟空还不愿和八戒相邻，
那么排队的方法共有_____种。

思路：先对 5 个人进行编号，记悟空为 A，八戒为 B，沙僧为 C，
校长为 D，唐僧为 E。A、B、C 都不愿与 D 相邻，D 只能
与 E 相邻，因此 D 只能在队列两头，分为两种情况。A 不
愿与 B 相邻，则 C 必须在 A 与 B 中间。

答案：D 在队列最左边有 DEACB、DEBCA 两种方法，D 在队
列最右边有 ACBED、BCAED 两种方法，共 2+2=4 种方法。

第二篇

第一集

老糊涂的水晶球——数图规律

 例题

按规律填数：1、2、7、32、（　　）

思路：首先寻找相邻两个数如何变化，2-1=1，7-2=5，32-7=25，再看差是否存在规律，1×5=5，5×5=25。因此，下一个数与32的差应为25×5=125，32+125=157。

答案：157。

 练习

1. 找规律，填一填。

思路：图形规律观察图形的形状与位置变化规律。

答案：黑球个数依次增加，位置左右变换，三角形位置左右变换，正方形颜色黑白变换。

2. 观察给出图形的变化，按照变化规律，在空格中填上应有的图形。

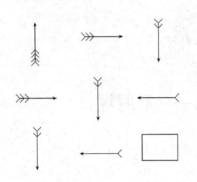

思路：观察箭头方向、箭尾符号数量。

答案：每行箭头方向顺时针旋转，箭尾符号数量递减。

3. 找规律填数。

（1）1, 2, 5, 10, 17, （　）, 37, 50

（2）2, 1, 3, 4, 7, （　）, 18, 29, 47

（3）1, 9, 2, 8, 3, （　）, 4, 6, （　）, 5

（4）1, 4, 9, 16, 25, 36, （　）

思路：数字规律可以观察相邻两个数、相邻三个数、跳着看等。

答案：（1）26；（2）11；（3）7, 5；（4）49。

4. 找规律填空。

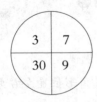

思路：寻找三个小数和最大数之间的联系。

答案：8，6×8+12=60。

第二集

左右脚独木桥的精灵——奇偶规律

 例题

这灯原本是亮的，突然就坏了，小精灵来连拉了 100 下。现在若是修好了，灯是亮的吗？

思路：从拉 1 下开始举例，几个数之后发现规律，奇数灯灭，偶数灯亮。

答案：灯亮。

🐻 练习

1. 一只小鸭子在河的两岸之间来回地游，从一岸游到另一岸叫游一次，请问：

（1）如果小鸭子最初在右岸，来回游若干次之后，它又回到右岸，那么小鸭子游的次数是单数还是双数呢？

思路：从 1 开始举例，发现奇偶性规律。

答案：双数。

（2）如果最初是在左岸，来回共游了 101 次，小鸭子是到了左岸还是右岸呢？

思路：大数找规律，101 是单数。

答案：右岸。

2. 这是一张 9 行 9 列的大网，要解开此网，必须把每个方格所在的行数和列数加起来，填在这个方格中，例如，a=5+3=8，问，填入的这 81 个数中是奇数多还是偶数多？

思路：从第 1 行开始举例发现

规律。因为奇数 + 奇数 =

偶数，偶数 + 偶数 = 偶数，

奇数 + 偶数 = 奇数，所以，

第 1 行填的数中由偶数

开始，偶数结束，偶数

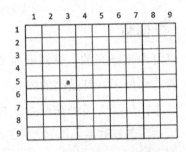

比奇数多 1 个，第 2 行填的数中由奇数开始，奇数结束，

偶数比奇数少 1 个，同样，第 3 行填的数中偶数比奇数

多 1 个，第 4 行填的数中偶数比奇数少 1 个，即前 8 行

中奇数和偶数的个数一样多，而第 9 行中偶数多一个，

所以 81 个数中偶数多。

答案：偶数多。

3. 下图表示"宝塔"，它们的层数不同，但都是由一样大的小三角形摆成的。仔细观察后，请回答：

（1）十层的"宝塔"的最下层包含多少个小三角形？

（2）整个十层"宝塔"包含多少个小三角形？

（3）如果一个小三角形用三根火柴棒拼成，那么整个十层"宝塔"一共需要多少根火柴棒？

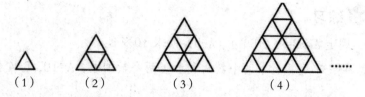

（1）　　　（2）　　　　（3）　　　　　（4）……

思路：从前几个图形出发，寻找规律。

答案：（1）19个；　（2）100个；　（3）55×3=165根。

第三集

假萌萌的神秘阵法——定义运算

例题

根据图中提示，找到（A☆B）☆B以及B☆D☆C。

思路：通过观察发现，☆即代表找到两个点之间线段的中点。

答案：

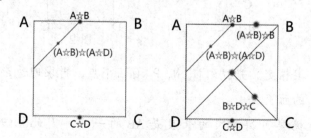

练习

1. 规定 A※B＝（A+B）+（A-B），求 10※4。

思路：※ 运算表示两个数的和加上两个数的差，A=10，B=4 代入即可。

答案：10※4=（10+4）+（10-4）=14+6=20。

2. 如果规定 1 ⊙ 3=1+11+111，3 ⊙ 5=3+33+333+3333+33333，

9 ⊙ 4=9+99+999+9999，那么 8 ⊙ 2 等于多少？ 4 ⊙ 6 呢？

思路：观察例子规律，找到新运算的规则。

答案：8 ⊙ 2=8+88，4 ⊙ 6=4+44+444+4444+44444+444444。

3. 定义：A☆B 表示线段 AB 的中点，例如，图1中，C=A☆B。

在图2中，正方形 ABCD 的面积是 2012 平方厘米。已知：

M=（A☆B）☆（D☆A）；N=（A☆B）☆（B☆C）；

P=（B☆C）☆（C☆D）；Q=（C☆D）☆（D☆A）。

那么，四边形 MNPQ 的面积是多少平方厘米？

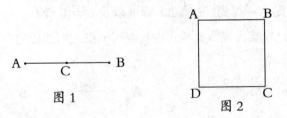

图1

图2

思路：根据定义先找到 M、N、P、Q 四个点，再求四边形 MNPQ 的面积。

答案：观察可得 MN 的长度是 AB 的一半，因此，四边形

MNPQ 的面积应为正方形 ABCD 面积的 1/4，为 503 平方厘米。

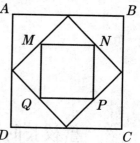

4. 对于数 a、b、c、d，规定（a，b，c，d）=2ab−c+d，已知（1，3，5，x）=7，求 x 的值。

思路：a=1，b=3，c=5，d=x，列出等式求解即可。

答案：2×1×3−5+x=7，x=6。

第三篇

第一集

蟹校长的入学测试——间隔问题

例题

小鱼砍木头，6 分钟把一根木头砍成 3 段；然后萌萌 1 分钟运送 2 段木头；最后泡泡把 4 段木头搭成一棵木头树需要 1 分钟。现在蟹校长给了小鱼 1 根木头，要把它砍成 4 段而后搭成一棵木头树需要多长时间？

思路：间隔问题，木头砍成 3 段只砍两下，因此，砍一下需要 3 分钟，砍成四段要砍 3 下，需要 3×3=9 分钟。

答案：6÷（3-1）×（4-1）+1×（4÷2）+1=12 分钟。

练习

1. 要在水母庄园大路上栽种向日葵，两端都种，每隔 4 米栽一棵向日葵，共栽种了 26 棵，这条庄园大路有多长？

思路：两端都种的情况树比间隔数多 1，因此，一共有 25 个间隔。

答案：（26-1）×4=100 米。

2. 要在这条 100 米长的大路的一侧架设电线杆，每隔 5 米架设一根，若公路两端都不架设，共需电线杆多少根？

思路：两端都不架设的情况，根数比间隔数少 1。

答案：$100 \div 5 - 1 = 19$ 根。

3. 这 100 米长的大路的起点处摆放了一个吉祥物，接下来就每隔一段摆放一个垃圾桶，一共摆了 20 个，问两个垃圾桶之间距离多少米呢？

思路：一端有一端没有的情况，个数与间隔数相等，因此，有 20 个间隔。

答案：$100 \div 20 = 5$ 米。

4. 小鱼从起点开始，每隔 5 米就扔一粒珍珠，一直扔了 5 粒，这时发现珍珠已经不多了，决定每隔 10 米扔一粒，又扔了 3 粒，刚好扔完，那从起点到终点一共有多少米？

思路：分段思考，前半段是两端都有的情况，后半段是一端有一端没有的情况。

答案：$5 \times (5-1) + 10 \times 3 = 50$ 米。

第二集

数数节的默契考验——条件逻辑

🧑 例题

蟹校长在小鱼、泡泡、萌萌各自的房间放了一杯茶，待三人出来后，依次问他们三个："你们三个都喝了茶吗？"

萌萌第一个回答：不知道啊。

泡泡第二个回答：不知道啊。

小鱼想了想：我知道我喝了，所以我们三个都喝了。

小鱼为什么会这么笃定呢？

答案：因为蟹校长的问题是三个人是否都喝了茶，如果自己没喝会回答"不是"，因此，回答"不知道"的人一定喝了茶，萌萌和泡泡都喝了茶，所以小鱼这样回答。

🐼 练习

1. 两句咒语请仔细听好：

小鱼有时不吃晚餐；小鱼不吃的时候，泡泡也不吃。

根据这两个条件，你能推出下面哪些结论？

A. 小鱼不吃晚餐。

B. 小鱼有时吃晚餐。

C. 泡泡有时不吃晚餐。

D. 泡泡有时吃晚餐。

E. 小鱼吃的时候泡泡也吃。

思路："有时"的含义是有这样的时候，小鱼可能有时吃晚餐
也可能一直不吃晚餐。

答案：C。

2. 大婶面前摆着四杆秤，要求按 A、B、C、D 四件货物的重量
大小排个顺序。

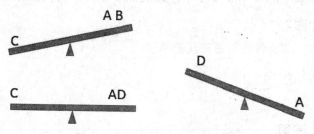

思路：容易判断 C 最重，A 比 D 重，B 与 D 的关系需要对比得出。

答案：C>A>D>B。

3. 小鱼和泡泡分别去查看门上的记号，小鱼说：第一扇门上
的记号比第三扇门多 13 个。泡泡说：第三扇门上的记号比第
二扇门少 7 个，记号最多的门通向萌萌，是哪扇门呢？

思路：通过描述找到关系式。

答案：第一扇门。

第三集

时光大门的倒退秘密——倒推模型

例题

螃蟹大婶先吃了全部果子的一半，又吃了剩下的一半，然后又吃了剩下的一半还多 4 个，最后剩了 6 个，请问她原本有多少果子呢？

思路："大饼法"画图或倒推。

答案：80 个。

练习

1. 小鱼看一本书，第一天看了总数的一半，第二天看了剩下的一半，第三天看了 5 页，正好全部看完，问这本书一共多少页？

思路：画图或倒推。

答案：20 页。

2. 萌萌放了一群鸭子，一半鸭子下了水，剩下的鸭子中的一半正往水里走，另有 15 只正在吃青草，请问萌萌一共放了多少鸭子？

思路：画图或倒推。

答案：60 只。

3. 泡泡有一条绳子，第一次剪掉了一半，第二次剪掉了剩下的一半多 5 米，还剩 10 米，请问原来多少米？

思路：画图或写倒推。

答案：60 米。

4. 小海有一条绳子，第一次剪掉了一半少 5 米，第二次又剪掉了剩下的一半，还剩 10 米，请问原来多少米？

思路：画图或写倒推。

答案：30 米。

第四篇

第一集

突然出现的珊瑚岛——逆向思考

例题

计算新增星星数目时，把一个两位加数个位上的 2 看成了 3，把十位上的 1 看成了 7，这样加上后总数成了 91，那请问如果正确计算应该是有多少星星呢？

思路：把 12 看成了 73，则加的数为 91-73=18，如果计算正确结果应该为 12+18=30。

答案：30。

练习

1. 小鱼做加法题时，把一个加数个位上的 9 看成了 6，十位上的 6 看成了 9，结果和是 174，那么正确的结果是多少呢？

思路：把 69 看成了 96，则加的数为 174-96=78，如果计算正确结果应该为 69+78=147。

答案：147。

2. 小海做一道减法题时，把被减数十位上的 6 看成 9，减数个位上的 9 看成 6，结果差是 577，那么正确的结果应该是多少呢？

思路：逆向思考，推出被减数的个位数字和减数的十位数字。

答案：544。

3. 小精灵 A：我的年龄减去 3，加上 2，再减去 3，得 20。

小精灵 B：我的年龄加上 3，乘 4，除以 5，再减去 6，得 2。

小精灵 C：我的年龄乘 2，除以 4，再乘 3，得 18。

求他们三个原来各自的年龄。

思路：食谱法逆向思考，从得数往前推理。

答案：小精灵 A 24 岁，小精灵 B 7 岁，小精灵 C 12 岁。

4、小鱼家养了好几只鹦鹉，分别装在三个鸟笼里。一天，小鱼看到：第一个笼子里有 4 只鹦鹉飞到了第二只笼子里，第二只笼子里又有 2 只鹦鹉飞到了第三只笼子里，又有 3 只从第三个笼子飞到第一个笼子，这样三个笼子都是各有 5 只鹦鹉了。

那么，原来三个鸟笼里各有几只鹦鹉呢？

思路：食谱法逆向思考，从得数往前推理。

答案：第一个笼子里有 6 只鹦鹉，第二个笼子里有 3 只鹦鹉，第三个笼子里有 6 只鹦鹉。

海公子的复制计划——树图应用

例题

现在有 A、B、C 三个能量采集点，每天去其中一个，连续两天不能在同一个。规定第五天必须在 C 处集合，则五天一共有多少种不同的采集顺序？

答案：16 种。

练习

1. "石头、剪刀、布"是广为流传的游戏，小海、萌萌和丫丫进行一次游戏，总共会出现几种情况？

答案：27 种。

2. 海底魔法学院举办的歌唱比赛中，甲、乙、丙三位评委根据选手的综合表现，分别给出"通过"或"淘汰"的结论。在小鱼演唱完成之后，三位评委给出的结论有多少种情况？

答案：8 种。

3. 小鱼和泡泡两人进行羽毛球比赛，规定采取五局三胜制（最多打五局，先胜三局者胜利）。如果第一局小鱼胜，那么到决出最后胜负为止，共有几种不同的情形？

答案：10 种。

4. 小鱼、泡泡和萌萌互相传球，先从泡泡开始发球，经过了五次传球后，球恰巧又回到了泡泡手中，那么不同的传球方式有多少种？

答案：10 种。

第三集

复制机器的高级证明——排除思想

 例题

1~100 中有多少不含数字 7 的数？

思路：不含 7 的数字个数不好数，可以数含 7 的数字个数，再用总数 100 减去即可。含 7 的数字分为两类：个位为 7 的数字和十位为 7 的数字，最后减去重复数字 77。

答案：100-（10+10-1）=81 个。

练习

1. 1~200 中有多少个不含数字 4 的数？

思路：不含 4 的数字个数不好数，可以数含 4 的数字个数，再用总数 200 减去即可。含 4 的数字分为两类：个位为 4 的数字和十位为 4 的数字，最后减去重复数字 44 和 144。

答案：200-（20+10+10-1-1）=162 个。

2. 水母庄园开了一个旅馆，因为有人认为 4 这个数字不吉利，所以所有的房号都避开了这个数，一共有 50 个间房，从 001 号开始排，请问第 50 间房的房号是多少？

思路：不避开 4 的话第 50 间房就是 050 号，每避开一间房第 50 间房房号加 1，因此，计算避开的房间个数，也就是之前中包含 4 的数字个数即可。

答案：066 号。

3. 一次期末考试，小鱼班有 15 人数学得满分，有 12 人语文得满分，并且有 4 人语文、数学都是满分，那么这个班至少有一门得满分的同学有多少人？

思路：利用"韦恩图"排除掉语文、数学都是满分的重复人数，
　　　得到总数。

答案：15+12-4=23 人。

4. 在 1，2，3，…，1998 这 1998 个数中，既不能被 8 整除，
也不能被 12 整除的数有多少个？

思路：从反面考虑，可先计算能被 8 整除或能被 12 整除的数
　　　字个数，减去能被 8 和 12 同时整除的重复数字，再从
　　　1998 个数中排除掉这个数字即可。

答案：1998-（249+166-83）=1666 个。

第五篇

第一集

臭臭的无心之过——整体思考

例题

臭臭用一颗大珍珠（能换 10 颗小珍珠）买了一个价值 7 颗小珍珠的指甲刀，掌柜的没有零钱找，就找旁边卖烧饼的换了 10 颗小珍珠，找给臭臭 3 颗。结果卖烧饼的指出这颗大珍珠是假的，要求掌柜的还他 10 颗小珍珠，掌柜只好又跟冰棍摊主借了 10 颗小珍珠还他。请问掌柜一共赔了多少颗小珍珠？

思路：整体思考，掌柜赔的珍珠数即为臭臭赚的珍珠数，与其他人间的交易无关。

答案：7+3=10 颗。

练习

1. 刚刚结束了期末考试，四只小虾算出他们四个的平均分是 7 分，却一直都不知道五弟小虾五的成绩。后来打听到五兄弟的平均分是 8 分，现在能知道小虾五的成绩了吗？

思路：整体思考，五兄弟的平均分增加的分数即为小虾五分给四只小虾的分数。

答案：8+1+1+1+1=12 分。

2. 萌萌决定用 10 两银子买一颗珍珠，一转手又以 20 两银子的价钱卖了出去；然后她又用 30 两银子把它买进来，最后以 40 两的价钱卖了出去。总的来看，萌萌赚了多少钱？

思路：整体思考，萌萌赚的钱即为买家亏的钱。

答案：20-10+40-30=20 两。

3. 老管家卖鞋，一只鞋进货价 45 元，甩卖 30 元，顾客来买双鞋给了张 100 元，老管家没零钱，于是找邻铺换了 100 元零钱。事后邻铺发现钱是假的，老管家又赔了邻铺 100 元。请问老管家一共亏了多少元？

思路：整体思考，老管家亏的钱就是顾客赚的钱，两只鞋（45×2）加上找的零钱（100-30×2）。

答案：130 元。

4. 两个油桶，A 桶装油 8 千克，B 桶装油 10 千克，后来分别给他们倒进去同样多的油后，两个桶一共 30 千克了，问：分别给他们倒进去多少油？

思路：整体思考，现在两个桶一共 8+10=18 千克，一共倒进去 30-18=12 千克。

答案：（30-8-12）÷2=6 千克。

第二集

信心水晶的能量失衡——溶液趣题

例题

蓝杯装的是蓝色液体，红杯装的是一样多的红色液体，小海用一个小铁盒从红杯中装满红色液体倒入蓝杯，搅拌均匀后又把一铁盒的混合液体倒回到红杯中。请问此时蓝杯中的红色液体和红杯中的蓝色液体哪个多？

思路：可列算式计算或考虑极端情况，如开始两个杯子都装了一半的液体，小铁盒的容积正好是杯子的一半。

答案：一样多。

练习

1. 把三块大小不同的石头分别扔进三只盛有水的碗里，结果如碗中水的变化如下图，则猜猜三块石头分别放在哪只碗里？

答案：　　　　1号碗里是（　小石头　）

　　　　　　　2号碗里是（　大石头　）

　　　　　　　3号碗里是（　中石头　）

2. 把瓶子里的铁块拿出来后三个杯子里的水一样多。哪个瓶子里面拿出来的铁块最大？

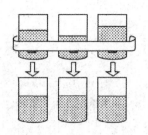

思路：铁块越大，在水中占的体积越大。

答案：第三个瓶子。

3. 小海倒了一杯牛奶，先喝了1/2，接着加满咖啡，又喝了这杯的2/3，再加满咖啡，又喝1/4后，再加满咖啡，最后把这杯饮料全喝下。小海喝的牛奶多还是咖啡多？

思路：咖啡只加了两次，第一次加1/2，第二次加1/3，所以喝的咖啡总量 = 1/2 + 1/3 = 3/6 + 2/6 = 5/6杯。牛奶没加过，所以喝的牛奶总量是1杯。

答案：牛奶多。

4. 桌子上放了两个杯子，左边的杯子中装着半杯纯橙汁，右边的杯子中装着整杯水。现在进行下面操作：先将右边杯中的水向左边杯中倒满，搅拌均匀；再将均匀的橙汁向右边的杯子中倒满，搅拌均匀。此时，哪边的橙汁更甜？

思路：甜度只考虑两边杯子中橙汁和水的比例即可，左边比例为1：1，右边比例为1：3。

答案：左边。

第三集

海星大王的复制规则——平均数问题

 例题

若 10 区的总能量值不变，则某区的能量值是否可能超过 150？

10区能量水平值登记本

1区	2区	3区	4区	5区	6区	7区	8区	9区	10区
15	16	14	17	15	20	10	13	14	16

答案：不可能。

 练习

1. 小鱼、泡泡和几位同学一起计算他们数学考试的成绩，泡泡的得分如果再提高 13 分，他们的平均分就达到 90 分；泡泡的得分如果降低 5 分，他们的平均分就只有 87 分，那么总共有多少名同学？

答案：6 名同学。

2. 蟹校长统计某班期末考试的数学成绩，平均分是 87 分。但是复查成绩的时候发现，把小鱼的 89 分错看成了 98 分，重新计算之后的平均分是 86 分，问该班有多少同学？

答案：9 名同学。

3. 学校篮球队运动员的最低身高为 180 厘米，五名篮球运动员的平均身高是 185 厘米，他们中身高最高的可能是多少厘米？

答案：205 厘米。

4. 海底魔法学院有四栋教学楼，且没有高于 20 米的，如果四栋教学楼的平均高度为 18 米，那么最矮的教学楼可能是多少米？

答案：12 米。

第六篇

第一集

藏在阁楼上的秘密——解正方体

 例题

正方体六个面分别写有 1~6，你能根据下面两个视角判断出三组对面分别是什么吗？

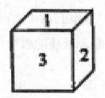

答案：只能判断出 1 对面是 5，其他两组判断不出。

 练习

1. 将"猫""狗""兔""鸡""猴""虎"六个动物名称分别写在同一个正方体的六个面上，从下面三种不同的摆法中，判断这个正方体上哪些动物名称分别写在相对面上。

答案：兔和虎、猫和鸡、狗和猴分别在相对面上。

2. 下图是观察一个骰子的三个角度得到的图片，请判断哪两个数字正好在对面。

答案：1和5、2和6、3和4正好在对面。

3. 下图是正方体的平面展开图，如果将它折成正方体，那么：

　　（1）1号面和（　）号面相对；

　　（2）2号面和（　）号面相对；

　　（3）5号面和（　）号面相对。

答案：（1）1号面和6号面相对；

　　　　（2）2号面和4号面相对；

　　　　（3）5号面和3号面相对。

4. 有五颗相同的骰子放成一排，五颗骰子底面的点数之和是多少？

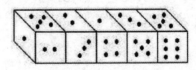

答案：先找到相对面，5和4、2和6、1和3相对。

　　　所以底面的点数之和为：4+6+3+1+4=18。

父辈们的真实身份——周期问题

🐻 例题

今天是周三，100天后是周几？

思路：周期为四、五、六、七、一、二、三，100÷7=14（组）……
2（天）。

答案：周五。

🐻 练习

1. 将1，2，3按一定规律排列成121321213212132……最后一个是3，并且一共出现了32个3。1，2各有多少个？

思路：周期为12132，一个周期中有2个1、2个2和1个3。
最后一个是3，并且出现了32个3，说明有31个完整的周期，最后一个不完整的周期为1213。所以1有：
2×31+2=64（个）；2有：2×31+1=63（个）。

答案：1有64个，2有63个。

2. 今天是周四，70天后是周几？从今天开始算起，第70天是周几？

思路：70÷7=10（组）

第一问 70 天后是周几？周期为五、六、七、一、二、三、四，所以 70 天后是周四；

第二问第 70 天是周几？周期为四、五、六、七、一、二、三，所以第 70 天是周三。

答案：70 天后是周四；第 70 天是周三。

3. 2015 年 1 月 1 日是星期四，请问：2015 年 9 月 15 日是星期几？

思路：1 月 1 日到 9 月 15 日一共有:31+28+31+30+31+30+31+31+15=258（天），周期为四、五、六、七、一、二、三，258÷7=36（组）…6（天），9 月 15 日为周期的第 6 天，是星期二。

答案：星期二。

4. 现在是 9 月 8 号上午 12 点整，再过 48 小时是几号的几点？再过 97 小时呢？

思路：24 小时一天，也就是一个周期。48÷24=2（天），97÷24=4（天）……1（小时）

答案：再过 48 小时是 10 号上午 12 点整；再过 97 小时是 12 号下午 1 点整。

第三集

试炼精灵的终极配方——解数阵图

例题

把1~7填入这七个圆圈中,使得每条线上三个数的和都一样,有多少种不同的填法?

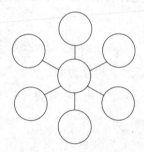

答案:三种不同的填法,分别是中间数为1、4、7,和为10、12、14。

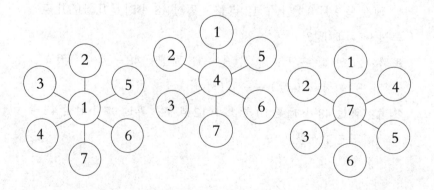

练习

1. 将 1、2、3、4、5 这五个数填入圆圈中，使每条线上三个数字之和相等。

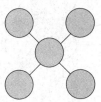

答案：三种填法，1、3、5 为中间数，和分别为 8、9、10。

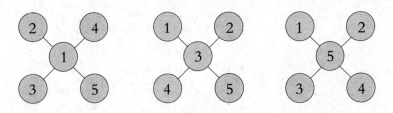

2. 将 5、6、7、8、9 这五个数填入下图中，使得横行、竖列三个数的和都是 21。

答案：

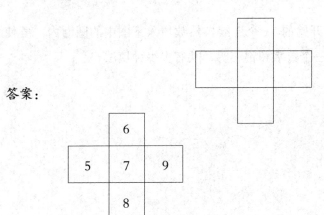

3. 把2、3、4、5、6、7、8、9、10各数分别填进下面的圆圈中，使得每行三个数的和都相等，请问有多少种填法呢？

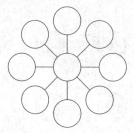

答案：三种。中间数为2、6、10，和分别为15、18、21。

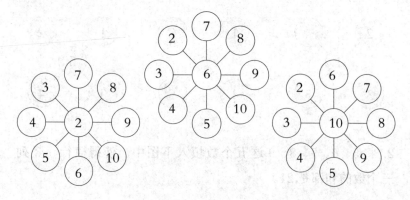

4. 将从1开始的11个连续自然数填入下图中的圆圈内，要使每边上的三个数字和都相等，共有多少种填法？

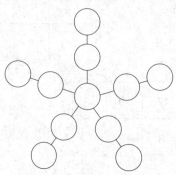

答案：三种。中间数分别为1、6、11。

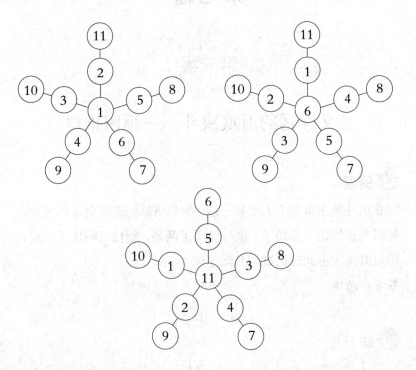

第七篇

第一集

意义深远的海底决斗——画图推理

例题

海底决斗要求每两个人比试一次，而萌萌姑妈来到现场的时候，鱼国王已经比了三场了，水母怪比了两场，蟹校长刚比了一场，请问海星大王此时比试了几场了呢？

答案：两场。

练习

1. 五人比年龄，小海比小鱼大；臭臭比小海小；泡泡比萌萌大，比臭臭小；萌萌比小鱼大，请将他们的年龄从大到小排列出来。

答案：小海＞臭臭＞泡泡＞萌萌＞小鱼。

2. 已知某月中，星期二的天数比星期一的天数多，而星期三的天数比星期四的天数多，那么这个月最后一天是星期几？

答案：星期三。

3.5 个馒头小精灵 A、B、C、D、E，他们刚刚来到这个世上，每两个人都要握手相互认识一下。小鱼他们回来的时候，小 A 已经握了 4 次手，小 B 握了 3 次，小 C 握了 2 次，小 D 握了 1 次，那么这时候小 E 握了几次手呢？

答案：2 次。

4. 这里有三张扑克牌，排成一行，已经知道：K 右边的两张牌中至少有一张是 A，A 左边的两张牌中也有一张是 A。方块左边的两张牌中至少有一张是红桃，而红桃右边的两张牌中也有一张红桃。问这三张牌分别是什么？

答案：从左往右分别是红桃 K，红桃 A，方块 A。

海神密令的谜底——表格推理

例题

海神说：命你四人为真命天子及左中右三大辅臣，知鱼和真命天子同日授命，怪可居中，蟹与左中辅臣齐心协力，共同辅佐真命天子。请问真命天子到底是谁？

	鱼国王	水母怪	蟹校长	海星大王
真命天子	×	×	×	√
左辅臣	√	×	×	×
中辅臣	×	√	×	×
右辅臣	×	×	√	×

答案：海星大王是真命天子。

练习

1. 小鱼、泡泡和萌萌都戴着太阳帽去参加野炊活动，她们的帽子一个是红的，一个是黄的，一个是蓝的。只知道小鱼没有戴黄帽子。泡泡既不戴黄帽子，也不戴蓝帽子。请你判断小鱼、泡泡和萌萌分别戴的是什么颜色的帽子？

	小鱼	泡泡	萌萌
红帽子	×	√	×
黄帽子	×	×	√
蓝帽子	√	×	×

答案：小鱼戴蓝帽子，泡泡戴红帽子，萌萌戴黄帽子。

2. 甲、丙、戊三人，一人是满族，一人是回族，一人是壮族。

已知：

回族人比甲年龄大；

壮族人比丙年龄大；

丙和回族人下周要到瑞士去度假。

请判断甲丙戊分别是哪个民族的人？

	甲	丙	戊
满族	×	√	×
回族	×	×	√
壮族	√	×	×

答案：甲是壮族人，丙是满族人，戊是回族人。

3. 小刘、小马、小李各有一个妹妹，六个人进行乒乓球混合双打比赛，事先规定：兄妹两人不许搭伴。

　　第一盘：小刘和小丽对小李和小英；

　　第二盘：小李和小红对小刘和小马的妹妹；

请问他们三个人的妹妹分别是谁？

	小刘	小马	小李
小丽	×	×	√
小英	×	√	×
小红	√	×	×

答案：小刘的妹妹是小红，小马的妹妹是小英，小李的妹妹是小丽。

4. 数学竞赛后，小鱼、萌萌和泡泡各获得一枚奖牌，其中一人得金牌，一人得银牌，一人得铜牌。老师猜测："小鱼得金牌，萌萌不得金牌，泡泡不得铜牌。"结果老师只猜对了一个，那么谁得金牌，谁得银牌，谁得铜牌？

思路：假设"小鱼得金牌"正确，那么"萌萌不得金牌"肯定也是正确的，跟"老师只猜对了一个"矛盾，所以假设错误；假设"萌萌不得金牌"正确，那么根据"老师只猜对了一个"，可以推出小鱼不得金牌，泡泡得了铜牌，这样的话就没人得金牌了，所以假设错误；只能是猜对了泡泡不得铜牌，也就是正确的叙述为小鱼不得金牌，萌萌得金牌，泡泡不得铜牌。

	小鱼	萌萌	泡泡
金牌	×	√	×
银牌	×	×	√
铜牌	√	×	×

答案：萌萌得了金牌，泡泡得了银牌，小鱼得了铜牌。

第三集

神奇的谎言鉴别仪——突破推理

例题

蟹校长说：是鱼国王撕的海神密令。

鱼国王说：并不是我，是水母怪撕的。

水母怪说：鱼国王说谎。

海星大王说：反正不是我撕的。

测谎仪说，这四个人中只有一人说了实话，请问到底是谁撕的海神密令？

答案：海星大王。

练习

1. 盒子里有一个小球，小鱼他们猜颜色。

小鱼说：这球是白色的。

泡泡说：我的想法和小鱼一样。

萌萌说：球是蓝色的。

打开盒子看发现只有一个人猜对了，那么球是什么颜色的？

答案：蓝色。

2. 甲、乙、丙三个孩子踢球打碎了玻璃窗。甲说："是丙打碎的。"乙说："我没有打碎玻璃窗。"丙说："是乙打碎的。"他们当中只有一个人说了谎话，到底是谁打碎了玻璃窗？

答案：是丙打碎的。

3. 在海底的神话王国内，居民们不是老实人就是骗子，老实人不说谎，骗子永远说谎，有一天国王遇到居民 A、B。

B 说："A 和我不同，一个是老实人，一个是骗子。"

请问 A 是老实人还是骗子？

答案：A 是骗子。

4. 已知甲乙丙三人中，只有一个人会开车。

甲说："我会开汽车。"乙说："我不会开汽车。"丙说："甲不会开汽车。"如果三人中有一个人讲的是真话，那么谁会开汽车？

答案：乙会开汽车。

第八篇

第一集

不能停止的珊瑚战车——动手趣题

例题

移动两根木棒，使得这辆"奔跑中的珊瑚战车"停止下来趴下！怎么做到呢？

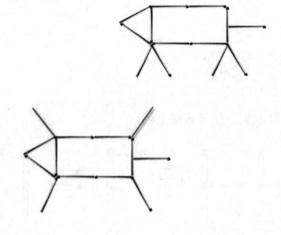

答案：

练习

1.6个圆球在桌子上排成一个三角形（左图），为将它们摆放成右图的样子，最少需要移动多少个圆球？

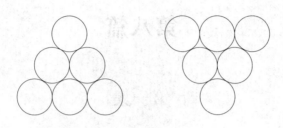

答案：2个（底部两边的两个圆球移动到第一行）。

2. 这门锁是用木棍摆成了一条鱼，头朝左，尾巴朝右，要打开门锁，需要移动两根火柴，使得鱼头向下，尾巴向上，怎么做呢？

答案：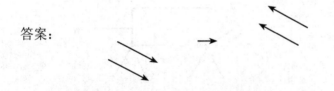

3. 移动一根木头，使等式成立。

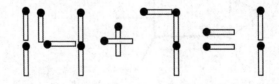

答案：14 - 7 = 7（加号变减号，移动的一根木头将1变成7）。

4. 如右图所示，用12根火柴摆了多少个正方形呢？
请你拿走两根，剩下三个正方形。

请你拿掉两根，剩下两个正方形。

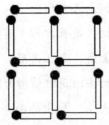

答案：12 根火柴摆了 5 个正方形。

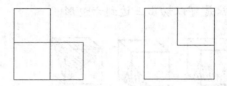

第二集

水晶球的反转真相——图形发散

 例题

一个正方体砍掉一块角，能切出什么图形？

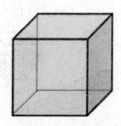

答案：

1. 平行于一个面切，是正方形。

2. 平行于一条棱去切，是长方形（有种情况会是正方形）。

3. 切去一个（小的）角，是三角形。

4. 在3中，当这个切去的角继续增大时（切面过3个顶点时，这个截面三角最大），切出的面会出现五边形和六边形。

5. 在2中，如果切的角度倾斜一点的话，会切出梯形。

   总的来说，就是可以切出三边到六边形。

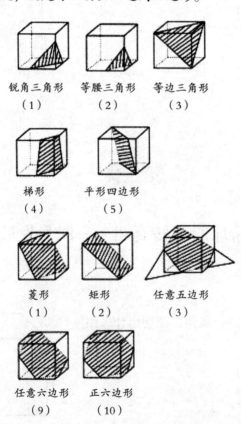

锐角三角形（1）　等腰三角形（2）　等边三角形（3）

梯形（4）　平形四边形（5）

菱形（1）　矩形（2）　任意五边形（3）

任意六边形（9）　正六边形（10）

练习

1. 一个正方形砍掉一个角，还剩几个角？

答案：

如图所示，有 3 种情况：

    1. 边对边砍一个角，还剩下 5 个角；

    2. 角对边砍一个角，还剩下 4 个角；

    3. 角对角砍一个角，还剩下 3 个角。

2. 你能把它们剪拼还原成长方形吗？只能切一刀，分成两部
    分再拼起来。

     第一座小岛   第二座小岛   第三座小岛

你能在图上表示出来你的切痕吗？答案唯一吗？把你能想到的

答案在图上标示一下？

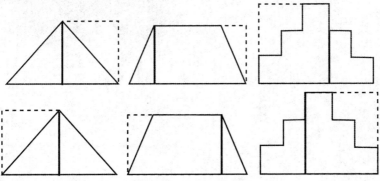

3. 如下图所示，将两个任意大小的三角形部分重叠，他们的公共部分是由 3 条线段组成的，那么经过你的摆放，他们的公共部分的边数最大可能是多少？

思路：公共部分的每条线段一定位
于两个三角形的某条边上，
所以公共部分的边数最大也
就是两个三角形的总边数：
3×2=6 条。

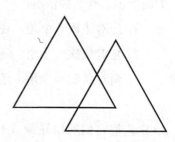

答案：6 条。

4. 图为某个英文字母形状的纸片折叠 1 次后的样子，请问这是哪个字母呢？

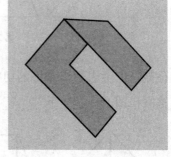

答案：L 或者 F。